"十二五"职业教育国家规划教材修订版

包装设计
项目化教程

（第二版）

沈卓娅　谢丽平　主编

高等教育出版社·北京

图书在版编目（CIP）数据

包装设计项目化教程／沈卓娅，谢丽平主编 . -- 2版 . -- 北京：高等教育出版社，2021.1（2023.4重印）

视觉传播设计专业

ISBN 978-7-04-054365-0

Ⅰ. ①包… Ⅱ. ①沈… ②谢… Ⅲ. ①包装设计－高等职业教育－教材 Ⅳ. ①TB482

中国版本图书馆 CIP 数据核字（2020）第 109746 号

策划编辑	陈仁杰	责任编辑	陈仁杰	封面设计	王凌波	版式设计	张 杰
插图绘制	于 博	责任校对	李大鹏	责任印制	田 甜		

出版发行	高等教育出版社	网 址	http://www.hep.edu.cn
社 址	北京市西城区德外大街4号		http://www.hep.com.cn
邮政编码	100120	网上订购	http://www.hepmall.com.cn
印 刷	北京市白帆印务有限公司		http://www.hepmall.com
开 本	850mm×1168mm 1/16		http://www.hepmall.cn
印 张	12	版 次	2014年8月第1版
字 数	280千字		2021年1月第2版
购书热线	010-58581118	印 次	2023年4月第3次印刷
咨询电话	400-810-0598	定 价	48.80元

本书如有缺页、倒页、脱页等质量问题，请到所购图书销售部门联系调换

版权所有 侵权必究

物 料 号 54365-00

第二版前言

包装是一种服务。它所服务的对象是被包装的商品及商品的经营者和消费者。

当我们走进任意一家商店，便置身于琳琅满目的各种商品包装之中，在选购需要的商品时，又会被美丽的商品包装所吸引，得到视觉上的享受。商品的包装设计就是一种将形状、结构、材料、颜色、图像、排版式样及其他辅助设计元素与产品信息联系在一起，进而使某种产品更适于市场销售的创造性工作，它以其独特方式向顾客传达出一种消费品的个性特色或功能用途，并最终达到产品营销的各项目标，这是包装设计工作职责的重要所在。

在系统的专业学习中，包装设计又是平面设计专业的一门重要的专业核心课程，因此，通过系统的理论讲述和创意方法的讲解，在具体案例的指导下，使学生掌握包装设计原理、过程、方法与制作能力，并能够面对工作项目，即某一商品包装设计的改良，或某一商品全新包装设计的开发与实施，在围绕着这一工作任务的完成过程中，将所需的能力训练、理论知识、素质培养渗透到各模块的教学工作中，使学生在完成本课程的典型项目实操后，能够掌握各模块的具体要求，具备职业岗位所需的包装设计与制作能力。

本教材在编写过程中，遵从包装设计工作的全过程，以项目化的形式组织教学内容，着重强调理论知识与实际案例分析相结合，从概念认知与项目解读、市场营销与定位策略、思路讨论与构思设计、方案设计与表现形式、正稿输出与成品制作、项目交流与成绩评定及任务实操示范案例七个模块展开，以期通过创意方法及案例的分析，激发学生的创意思维，以及多维的角度、多样的方法去思考设计，得到设计技巧上的提升，为日后的岗位工作需求奠定基础。

本教材是编者35年从事包装设计教学经验积累的结晶，自1989年出版专著《现代包装·广告设计》以来，历经多个版本的不断修改、充实和完善，再结合中国职业教育的发展和行业企业对包装设计人才需求的变化，逐渐形成特有的教学体系和编写风格，并在长期的教学使用中总结、积累教学成果，形成了较强的适用性，及知识点和技能点的有效传授。另外还邀请广州市狮域设计顾问有限公司副总经理谢丽平老师加入编写，使本教材更增添了来自企业的一线资讯，同时与"爱课程"网站上的国家级精品资源共享课立项课程"包装装潢设计与制作"共同协作，形成了"一课一教材"的呈现。

本次修订更增加了近年来日常授课所积淀的优秀课程作业和优秀校友的实际商业项目。因此，要感谢我们一届又一届的优秀学生们，是他们的课堂作业和实际项目使得本教材不断有新的亮点呈现；还要感谢同事们在日常教学中的通力合作；另外还引用了一些散见于各种媒体上的优秀典型案例，也在此一并表达对设计师及企业的感谢！

教授、博士 沈卓娅
2020年3月于广州

第一版前言

"包装设计"是平面视觉传达设计专业（也被称为装潢艺术设计、平面设计、广告设计、商业美术设计等）的一门重要的工学结合的核心课程。本书对应的课程"包装装潢设计与制作"于2009年被评为国家级精品课程，2012年经过转型升级被评为国家级精品资源共享课，并于2013年在"爱课程"网站上线展示。本课程是一门典型的"行动导向""工学结合"课程。课程引入了设计公司的操作规范，以项目带动专业课程教学，将课堂改建为工作室，营造了公司型实训环境，带给学生真实的工作体验，从而构建了"创意策略到设计制作，项目驱动到工作体验"的人才培养模式和"岗位＋职业发展"的课程目标。在近年来高职教育改革突飞猛进的形势下，本书将优秀的教学改革成果转化成规范的教学文本，有助于教学改革向更广、更深的层面发展。

本书力求体现以下四个方面的特色：

（1）注重真实项目与系统知识的有效衔接。分项任务训练中不仅有具体的设计要求和知识要点，还有对应的任务实操示范，同时还将工作过程所必需的职业素养融入其中，较好地体现"工学结合"的高职教育特点。

（2）注重项目设置的科学性和易行性。项目的内容设置不仅体现教学规律的科学性，同时还将设计公司常规的工作过程贯穿于各项目的任务训练中，力求使学生完整地了解包装装潢设计与制作工作的全过程，充分凸显了"工作过程为导向"的高职教育特点。

（3）注重知识与能力的综合提高。在各项目知识介绍和训练结束之后，还设有相同难易程度的企业实际案例的解析，使学生"零距离"地感受到来自一线的专业信息和真实的工作要求。

（4）动态网络提供丰富的辅助资源。资源内容包括教学录像、演示文稿、教学课件、案例示范、学生作业等，详见"爱课程"网站"包装装潢设计与制作"课程。

本教材的编写团队主创人员来自广东轻工职业技术学院艺术设计学院视觉传达设计系，曾荣获国家教育部、财政部授予的"国家级教学团队"称号。广东轻工职业技术学院沈卓娅教授，以及广州狮域设计顾问有限公司副总经理、市场策划总监谢丽平为本书主编。另有曾沁岚、陆显献、叶军、林金星等经验丰富的老师参加了编写工作。本书在任务实操中展现的案例为装潢2011级的王海平、吴绵桐、黎燕萍、吕法娣、张玲玲、陈雪华、温健欣、肖瑜、岑天恩等同学作品，同时还选用了中外设计师们的优秀作品，在此一并致以谢意。

本书来源于学校和企业的共同努力，服务于学校和社会，是作者多年积累和实践的成果，其中也难免有不足，敬请读者指正！

教授、博士　沈卓娅
2014年1月于广州

目录

模块一　概念认知与项目解读

1-1 任务描述　002
任务解析 // 实训内容 // 学习目标 // 能力目标 // 任务展开 // 考核重点

1-2 基础知识　004
包装设计的概念 // 包装设计项目的工作流程 // 系列包装装潢设计

1-3 拓展与提高　022
礼品包装装潢设计 // 民族风格包装设计 // 绿色可持续设计

模块二　市场营销与定位策略

2-1 任务描述　034
任务解析 // 实训内容 // 学习目标 // 能力目标 // 任务展开 // 考核重点

2-2 基础知识　036
关于市场调查 // 包装定位设计 // 包装定位与销售性功能 // 消费者洞察

2-3 拓展与提高　054
整合营销传播 // 品牌策划与管理

模块三　思路讨论与构思设计

3-1 任务描述　064
任务解析 // 实训内容 // 学习目标 // 能力目标 // 任务展开 // 考核重点

3-2 基础知识　066
包装装潢设计的构思特点 // 包装装潢设计中构图元素的作用 // 食品与西药包装 // 包装装潢设计的文化性

3-3 拓展与提高　082
包装的历史演进

	模块四 方案设计与表现形式		模块五 正稿输出与成品制作		模块六 项目交流与成绩评定

4	4-1 任务描述 090
	任务解析 // 实训内容 //
	学习目标 // 能力目标 //
	任务展开 // 考核重点
	4-2 基础知识 092
	包装装潢的构图与视觉
	// 包装装潢的色彩设计
	// 手绘草图的表现 // 掌
	握包装装潢设计的一般
	标准 // 促进销售包装的
	设计技巧
	4-3 拓展与提高 107
	包装容器造型的设计要
	求 // 纸盒结构设计 // 常
	用的包装材料
		5	5-1 任务描述 122
			任务解析 // 实训内容 //
			学习目标 // 能力目标 //
			任务展开 // 考核重点
			5-2 基础知识 124
			印前工作 // 包装设计与
			印刷工艺 // 常用包装承
			印物的特性
			5-3 拓展与提高 133
			包装印后加工工艺
				6	6-1 任务描述 138
					任务解析 // 实训内容 //
					学习目标 // 能力目标 //
					任务展开 // 考核重点
					6-2 基础知识 140
					"好包装"是如何炼成
					的 // 成为优秀包装装潢
					设计师所必需的六种意
					识 // 世界包装设计竞赛
					6-3 拓展与提高 150
					口语表述能力训练

模块七 任务实操示范案例

一、"第七届全国大学生广告艺术大赛"命题推荐的恒安集团"心相印"纸巾选题 152

二、"第八届全国大学生广告艺术大赛"命题推荐的平面类"人祖山旅游景区"和"娃哈哈"选题 161

三、"第14届中国大学生广告艺术节学院奖春季赛"命题推荐的"大辣娇"方便面和"王老吉"红罐凉茶选题 173

参考文献 179

本书建议学时及对应资源

模块	内容	课时数（学时）	对应资源
模块一	概念认知与项目解读	4	教学录像、演示文稿、常见问题、文献资料、教学课件、名词术语、教学案例、学习手册、任务工单、习题作业等，详见"爱课程"网站"包装装潢设计与制作"课程
模块二	市场营销与定位策略	12	
模块三	思路讨论与构思设计	16	
模块四	方案设计与表现形式	36	
模块五	正稿输出与成品制作	8	
模块六	项目交流与成绩评定	4	
模块七	任务实操示范案例	0	
总计		80	

模块一

概念认知与项目解读

本模块知识点：包装的概念、包装设计的概念

知识要求：了解包装设计的概念，理解包装设计附加值的意义，理解绿色可持续设计理念的含义，认识理解设计师应有的社会责任

本模块技能点：包装设计与材料的关系、包装设计的三大功能

技能要求：描述实际商业情景，理解项目设计导向，具备问题理解与分析能力，掌握包装设计项目的作业流程

建议课时：4学时

本模块教学要求、教学设计及评价考核方法等详见"爱课程"网站相应课程资源。

1-1 任务描述

任务解析

什么是包装？什么是包装设计？包装设计的功能要求是什么？本模块通过对这些基本概念的阐释，能使学生认识到包装装潢设计对于扩大企业产品的影响所起的重要作用，并理解系列包装装潢设计对市场、产品销售的推动作用，了解风格化包装装潢设计所包含的高附加值的意义和绿色可持续设计的理念。

实训内容

① 收集具有保护性功能、销售性功能、便利性功能的包装各三款。

② 进一步理解和掌握不同品类商品包装在上述三种功能要求上的不同。

③ 为了进一步掌握包装装潢设计的特性，还需收集食品包装、药品包装、数码产品包装及小家电产品包装，并认真理解它们之间的差异。

学习目标

通过大量实际案例，讲解包装与包装设计的基本概念，分析经过设计的包装在商品营销中的地位和作用，以加深学生对单件包装、系列包装和风格化包装设计的理解。

能力目标

具备描述实际商业情景、理解项目设计导向及理解与分析实际问题的能力,掌握包装设计项目的作业流程,能较好地理解包装装潢设计的作用。

任务展开

1. 活动情景

以课堂讲授为主,采用多媒体课件,结合大量的包装实例图片资料,使学生认识包装,了解包装设计相关知识。

2. 任务要求

通过不同产品品类的案例,使学生明白包装装潢设计的重要作用,并理解不同品类包装装潢设计的要求。

3. 技能训练

理解包装与包装设计相关概念,加深对单件包装、系列包装、风格化包装设计的理解。

4. 工作步骤

① 学习包装装潢设计的基础知识。

② 分析包装设计为产品带来附加值的意义和作用。

③ 了解系列包装装潢设计、风格化包装设计的要点。

④ 收集多款包装设计,理解包装装潢设计的特点和要点,展开对本项目的解读。

考核重点

正确且清晰地分析五款包装装潢设计实例。

1-2 基础知识

一、包装设计的概念

1. 什么是包装？

包装，是指在运输、贮存、销售过程中，为了保护商品，为了识别、销售和方便使用，防止外来因素损坏内装物，所使用的特定的容器、材料及辅助物的总称。包装也指为了达到上述目的而进行的操作活动。因此，包装有两个含义：一是指包装商品所用的物料，包括包装用的容器、材料、辅助物等；二是指包装商品的操作过程，包括包装方法和包装技术。简明地讲，前者指商品的包装，后者指包装商品。英文里的"包装"有两个名词，一个是"package"，一个是"packaging"，两者虽可以通用，但前者主要指包装物本身，而后者主要指包装的方法、手段和技术（图1-1）。

- 知识点：包装的概念
- 教学录像：包装与包装设计的基本概念
- 演示文稿：包装与包装设计的基本概念／包装与包装设计的含义

2. 什么是包装设计？

包装设计，英文为"Package Design"。"package"即包装物，"design"即策划、

- 知识点：包装设计的概念

图1-1 《伴点记忆》传统食品包装　陈可欣设计　沈卓娅指导

图 1-2《旅游导图》传统食品包装
江滢设计　沈卓娅指导

图 1-3《糕点事情》传统食品包装
黄志勇、张敏仪设计　沈卓娅指导

- 名词术语：包装行业基础术语

- 教学录像：包装与包装设计的基本概念
- 演示文稿：包装与包装设计的基本概念／包装的功能

绘制。因此，包装设计是指对商品包装物的策划、装饰和制作。它不仅是在包装上绘制一幅图画，还应是介绍产品、树立企业形象的完整策划活动的组成部分，它与广告宣传等其他推广形式相互配合，是商业领域中的一种推销手段。

随着商业社会的演进，现代包装设计的功能已从单纯的保护商品演变为销售媒介，进而成为市场竞争的有力武器。包装设计必须与商业行为发生关联，必须与所有营销环节相配合，才能传达出明显的商品概念，正确吸引目标消费群体，产生预期购买行为，实现销售目的。因此，我们要掌握包装设计的规律和工作程序，了解包装设计的范围、包装的功能、包装的分类，以及包装设计所具有的附加值等知识（图 1-2）。

3. 包装的功能

一个商品，从原料加工到制成产品，再到作为商品在市场上出售，一般要经过三个领域——生产领域、流通领域和销售领域，最后才到达消费者手中。在整个过程中，包装起着非常重要的作用，归纳起来有三大功能。

（1）保护性功能

如果不能最有效地保护商品，那么商品包装也就失去了其应有的意义。因此，人们又将包装称为"无声的卫士"。保护性功能是包装的首要功能，也是最重要的功能，它保证了商品能够完好无损地到达消费者手中。

由于商品在运输过程中受到的冲击、振动和碰撞，可能造成商品的破损、变形等物理变化；另外，外界温度、湿度、光照、气体等条件的变化，也会使商品产生霉烂、变质等化学变化；还有挥发或渗漏的因素、震荡或挤压的因素、冷热变化的因素、酸碱腐蚀的因素、微生物与昆虫危害的因素、光线辐射的因素、失窃的因素等。这就要求我们根据商品的特性，选择适当的包装材料、包装容器和包装方法，采用一定的技术处理，对商品进行包装，以防止各种不利因素的出现（图 1-3）。

（2）便利性功能

为便于运输，包装设计必须在重量、形状、体积尺寸、规格等要素上，充分考虑各种运输工具的载重和内部空间尺度，以求高效率地利用运输工具，从而降低产品运输成本；同时，还要考虑是否便于装卸及堆放。在流通中，包装设计还应便于商品的保管、识别、分发、收货。另外，使用过的包装还应便于回收和处理。而便于消费者使用、携带与保管等，也是包装设计必须考虑的。

模块一　概念认知与项目解读

（3）销售性功能

包装又是"无声的推销员"，包装上的图形和色彩可以吸引消费者留意商品并选购，从而达到销售的目的。因为在设计之初，包装就已经从市场和消费心理学的角度出发，制定了相对应的设计策略，并运用企业形象、统一标识和独特的造型，以增强识别性，从而起到推销商品、指导消费的作用。例如，Tesco公司曾委托设计公司为旗下120多种罐头汤系列产品重新设计包装（图1-4）。Tesco公司的品牌包装策略在于，与其以美味的产品来吸引消费者，从而创建品牌效应，倒不如通过刺激消费者的感官，在市场上建立持续性的、不易被抄袭的竞争优势。因此该款设计强调罐头汤系列设计的整体外观，新鲜清晰的图像风格和强烈的色彩背景不仅能引起消费者的食欲，还能清晰地区分不同品牌，使产品在货架上脱颖而出。这一新设计在相对最小的视觉变化范围内做出了尽可能现代和大胆的尝试。

4．包装设计的范围

包装设计一般包括包装装潢设计、容器造型设计和包装结构设计三个方面。

包装装潢设计主要是盒、袋、罐、瓶等各类包装形式的平面设计，通过包装外表的文字、摄影、插图、图案等视觉形象的构成及色彩的配合，传达出商品的整体信息。不同类别的商品会有各自属性上的区别，而不同品牌的商品也会有其自身的视觉特点，这些都需要经过包装装潢设计加以强化，以利于消费者购买。容器造型设计中，最多的样式是瓶型设计，如酒瓶、化妆品瓶、药瓶等；而容器造型和容器材料，也是依据商品形态和特性来进行设计与生产的。包装结构设计中最为常见的是纸盒结构，包括硬纸盒和折叠盒，直立式结构和托盘式结构，盒体结构、间壁结构和盒底结构等。容

- 常见问题：关于包装与包装设计／为什么要强调包装的三大功能？

- 教学录像：包装与包装设计的基本概念
- 演示文稿：包装与包装设计的基本概念／包装设计的范围

图1-4 "Tesco"罐头汤系列包装

器造型设计和包装结构设计都是为了更好地保护商品的品质和形态，增强包装的保护性、销售性、便利性功能。为做好以上设计工作，包装设计还需具备包装材料、包装印刷、计算机辅助设计等相关技能和知识（图1-5、图1-6）。

同时，包装设计又是一个综合的学科载体。包装的三个功能所涉及的领域，使许多以往与包装无关的学科开始成为必要的相关学科了，如包装的保护性方面，必须了解物理学、化学、力学；便利性方面，必须熟悉人体工学、数学、几何学；销售性方面，必须掌握市场学、消费心理学等。包装设计已超越了单纯的对造型、色彩、文字等形式美的研究。许多优秀的现代包装作品，正是科学与艺术、物质与精神等各种因素相互联系、相互结合、相互渗透、相互贯通、纵横交错的综合体。

图1-5《轻松一刻》茶包装　温健欣设计　沈卓娅指导

图1-6《有爱陪伴》月饼包装　马翠虹设计　沈卓娅指导

模块一　概念认知与项目解读

图 1-7《月光光》月饼包装　李乐诗设计　沈卓娅指导

5. 包装的分类

商品包装在不同的情况下有不同的分类，一般分为销售包装与运输包装。单件包装装潢设计是销售包装的一种，此外还有系列设计和组合设计。销售包装相对于运输包装，又被称为内包装，包括小包装、中包装、大包装；运输包装就是外包装。

从包装程序的角度看，小包装为第一次包装，中包装为第二次包装，大包装为第三次包装，而外包装则为第四次包装（图 1-7）。

小包装又称"个装"，指商品的个别包装。它是将商品送到消费者手中的最小包装单位。由于个装与产品直接接触，因此，必须考虑产品特性，并选择适当的包装材料和盛装容器，以防止不良因素的侵蚀，从而保护商品，以利销售。同时，不少商品往往是以个装形式直接摆放在货架上，供消费者选购，由此，在装潢设计中必须考虑到个装的销售性功能。

中包装又称中装，是指商品的成组包装。由于中包装既处于个装的外层，又处于外装的内层，所以包装设计时既要考虑保护性功能，又要兼顾视觉展示效果，还应通过对纸盒或其他容器的结构处理做到便于携带和开启。

大包装又称大装，它是对成组包装的再次包装。

就销售包装而论，由于有些商品需要更小的包装单位，所以它的包装程序就多了一层大装。如鹰牌花旗参茶，它的最小包装单位是一个 3g 的内装复合小袋，外面接着是一个十小袋一装的中装，然后是将两个中装组合在一起的大装，这样一来就比通常的

- 教学录像：包装与包装设计的基本概念
- 演示文稿：包装与包装设计的基本概念／包装的分类

包装多了一层大装。而有的情况却与之相反，如方便面的包装只有一层。另外，还有些商品由于对包装的特殊要求而进行二次或三次包装，但它仍旧被称为个装。如化妆品常常装在瓶、罐、管内，再装在纸盒里出售，这时的纸盒和容器瓶统称为个装；又如，巧克力、糖块等一般内包耐油纸，外包铝箔纸，再套入印刷精美的纸套中，三者共称为个装。因此，包装程序并不是一成不变的，应视所包装商品的特性来定。

外包装又称外装，是指商品的外部包装。它通常不与消费者直接见面，一般运用箱、袋、罐、桶等容器，或通过捆扎，对商品作外层的保护，并加上标志和记号，以利于运输、识别和储存。

由包装物的内容来区分，包装可分为食品包装、化妆品包装、文化用品包装、儿童玩具包装、五金包装、电器包装等；从包装材料来区分，可分为木箱包装、纸箱包装、金属包装、塑料包装、玻璃包装、陶瓷包装、复合材料包装等；从包装容器的耐压程度来区分，可分为硬包装、软包装、半硬包装等；从包装技术来区分，可分为防水包装、防潮包装、防漏包装、防锈包装、防辐射包装、真空包装、压缩包装、防震缓冲包装等（图1-8）。

- 文献资料：包装基本常识
- 演示文稿：包装设计的延伸意义/包装设计的附加值
- 教学录像：包装设计的延伸意义
- 常见问题：关于包装与包装设计/为什么需要考虑附加值？

图1-8《小格格》月饼包装　陈淑敏设计　沈卓娅指导

6. 包装设计的附加值

包装设计作为创造商品附加值的方法，被多数企业经营者及包装设计者所推崇。包装的历史沿革和文明发展告诉我们，包装从古代的静态贮存，发展到近代的流通媒介，业已成为当代市场销售竞争的有力武器和企业的重要资产，其功能变化反映出现代包装所具有的物质和精神的双重功能属性。包装的附加值在加大，文化精神功能的附加值在提升。

从产品的终端消费来看，产品首先满足人类第一消费层次，即解决生存的基本需求；第二层次解决"人有我有"的问题，满足流行、模仿的共性追求。这两个层次的消费主要建立在大批量生产的生活必需品和实用品上，以"物"的满足和低附加值产品为主。当进入第三层次——追求个性时，则需要通过小批量、多品种，满足"人无我有，人有我优"的愿望。这种"知"的满足，必然产生对高附加值产品的需求。

当产品之间的差距越来越小，而消费者又对产品独特性的要求越来越强烈时，就要求销售包装必须通过设计来创造这种差异性，使消费者能从独特的销售包装上获得某种心理和情感的满足，从而增强消费者购买和使用产品的欲望。因此，"外包装常常比盛装在里面的产品还重要"，这句话道破了现代包装设计中附加值的新含义（图1-9）。

当然，设计师还必须具备对经济的敏感性和综合的知识素养，要合理选用与产品生命周期相符的设计方案对包装设计进行价值分析，避免过分包装或过弱包装，寻求功能与成本之间最佳的配比，以尽可能小的投入获得最佳的综合效益，以增加产品附加值，从而赢得尽可能大的经济效益和社会效益。

图1-9《圆来如此》月饼包装　刘春莹设计　沈卓娅指导

二、包装设计项目的工作流程

遵循一定程式化的设计工作顺序，可以加速设计进程，少走弯路。包装设计项目的展开与其他设计项目一样，可分四个阶段：启动阶段、策划阶段、设计阶段和生产阶段。

1. 启动阶段

在与客户接洽并承接设计项目的同时，设计公司应当制定两个相关的文本：一是项目委托任务书；二是项目计划表，以确定项目的操作范围和可行性。

2. 策划阶段

这个阶段的任务主要是确定设计的方向和目标。

设计人员根据产品开发战略及市场情况，制定新产品开发策略，寻找已有产品的升级动机与市场切入点，确定目标消费群体；并根据销售对象的年龄、职业、性别等因素来综合考虑新产品的特点、销售方式与包装形象设计；还要结合产品定位和竞争对手的情况，确定产品的特性、卖点、成本及售价等。对于包装设计环节来说，策划阶段的工作做得越详细具体、越明确，就越能提高包装设计工作的效率。

（1）提出需求

生产的目的是满足社会的某种需求，如果某一设计不能满足相应的需求，那么这个设计就是失败的。提出需求，就意味着设计活动的开始。

（2）调查分析

对消费者和市场进行调查，包括对目标消费者的调研、同类产品的差异调研、同类产品的销售状况分析、产品包装策略与设计方向分析、市场销售的商品包装定位分析、商品推销策略等。调查中要采用各种手段，如观察、访问，收集有关文字、图片、实物等资料，然后将所收集到的资料集中在一起进行整理与分析，从中寻找出一条切实可行的设计思路来。

3. 设计阶段

这个阶段的任务主要是构思和确定设计方案。设计人员需要对具体设计项目进行研讨，制定视觉传达表现的重点和包装结构设计的方案。在创意设计阶段应尽可能多地提出设计方向和想法，同时要尽量准确地表现出包装结构特征、编排结构和主体形象的造型。具体来说可分为以下两个步骤。

（1）方案展开

根据市场调查所得出的结论，组成一个设计小组，并且有一名主管设计师负责设计策划的协调工作。以草稿的表现方式进行多种方案的设想和构思。在时间允许的情况下，方案越多，可供选择的余地越大，满足社会需求的可能性也就越大。在考虑了包装的功能等因素后，要进行表现元素的搜集和整理，还需要确定包装材料的性质和种类。

（2）确定方案

这一步骤是设计的具体化表现。利用计算机设计出接近实际效果的方案，根据产品开发、销售策划等依据筛选出较为理想的方案，并提出具体修改意见。

对最终筛选出来的部分设计方案进行展开设计，并制作成实际尺寸的彩色立体模型，并加上必要的说明，然后提请委托单位审定。

4．生产阶段

这个阶段的任务主要是实现设计方案和检验设计成品。

（1）正稿制作

运用计算机进行设计方案的正稿制作。只要将最终的设计方案送到输出公司，输出印刷用的四色胶片后，即可投入印制，现也可不出片直接印制。

（2）投入生产

四色胶片交付生产后，主要任务由印制单位来承担。在这一过程中，重要的是质量把关。并且，从设计的角度看，能否实现设计意图，很大程度上取决于本步骤。因此，有可能的话，设计者现场参与监督，将有利于获得理想的效果。

（3）评价鉴定

当产品生产出来以后，设计者应认真地观察并试用，检验其是否符合设计意图，能否满足客户提出的要求。与此同时，客户、用户和设计者各方还应抱着诚恳的态度，共同评价鉴定，客观地指出设计中的成功和不足之处，以利于今后设计水平的不断提高。

如果是小规模的试生产，可将开发出的产品装入小批量生产的包装中，委托市场调研部门对样品进行消费者试用、试销、市场调查，并通过反馈情况最终决定投入生产的包装方案。

设计的过程不是直线进行的，而是循环上升的。这些循环不仅仅着眼于解决每一阶段的具体问题，同时，在整个设计过程中还需要不断地对最初的需求和目的做出反馈与调整。这样一个大循环中包含着许多小循环，它们共同协作才能使整个运转过程有条不紊。

当然，不同的设计领域，如包装设计、广告设计、产品设计、室内设计等，有不同的特点，有各自强调或特定的某些程序。即使是在同一设计领域（如包装设计），也会因设计项目的大小、设计方向和目标的不同而有所差异，并非一成不变。这就要求设计师在设计中灵活变化。

如《月老的红线》茉莉花茶包装（图 1-10 至图 1-12），消费目标群主要针对单身、热恋、已结婚的青年男女。因此，选择了与旷世之爱这个主题相符的要点——爱情，由此从月老的红线题材出发，选取视觉要素，以表达茉莉花和绿茶组合的产品特点。

- 文献资料：包装设计师国家职业标准

- 教学案例："PCL 洁面皂"包装装潢设计作业案例
- 教学录像：包装装潢设计的项目分解
- 演示文稿：包装装潢设计的项目分解/PCL 洁面皂包装装潢设计

图 1-10《月老的红线》茶包装（1） 王海平设计　沈卓娅指导

① ➔ ② ➔ ③ ➔ ④ ➔ ⑤ ➔

图 1-11《月老的红线》茶包装（2）
王海平设计　沈卓娅指导

图 1-12《月老的红线》茶包装（3）
王海平设计　沈卓娅指导

- 教学录像：包装装潢设计的项目分解
- 演示文稿：包装装潢设计的项目分解 / 包装装潢设计的系列化要求

三、系列包装装潢设计

1. 什么是系列包装装潢设计

系列包装装潢设计是指在相同商标及品牌的统领下，利用色彩、图形、文字或造型结构的局部变化进行的同一类别商品的包装设计。系列包装装潢设计可以将多种商品统一起来，使不同品种的产品形成一个具有统一形式特征的群体，并以商品群为单位达到提高商品形象的视觉冲击力、强化视觉识别效果、扩大产品销售的目的。

系列包装装潢设计是现代包装设计中较为普遍的一种表现形式，它使消费者一眼便能识别出产品的品牌，从而树立起品牌的形象。另外，这种设计手法增强了商品包装的整体形象感，令人印象深刻。这是一种采用变化统一的规范化包装设计，最终形成"家族式"产品形象的设计方法（图 1-13）。

图 1-13 鸟食包装袋　Colleen Meyer 设计

模块一　概念认知与项目解读

2. 系列包装装潢设计的意义

系列包装装潢设计是 20 世纪 70 年代以后，随着超级市场的出现在国外兴起的包装设计新潮流。它始于欧美等国家，80 年代逐步流行于我国。系列包装装潢设计的产生有多方面的原因，最主要的动因是在商品经济的背景下，企业间竞争激烈，产品出现了多样化的倾向；其次，企业为了扩大影响力，突出鲜明的个性形象和产品的专业化、特色化，逐渐加强品牌化管理。当然还有科技的进步，包装技术不断发展、革新，使系列包装设计成为可能。

有调查统计，通常消费者在超级市场选购商品时，平均停留时间为半个小时左右。置身于上万种商品包围之下的消费者要在如此短的时间内找到并确定所购买的商品，除了名牌商品的效应，不能否认的还有由系列设计所带来的视觉效用。因为在庞杂的购物环境里，系列化设计不仅拓宽了品牌在货架上的传达面积、加快了品牌的出现频率，同时，也使商品在销售环境中获得识别上的主动性。

系列设计的优势是使商品看上去既有统一的整体美，又有多样的变化美。一种视觉形式反复出现，给人以深刻而强烈的印象，使人容易识别和记忆商品，这就增强了广告宣传的效果，扩大了影响，是一种吸引顾客和促销的强有力手段。

因此，系列包装装潢设计是当代包装设计中的一个主流形式。它通过统一的识别方式，将多样化的商品组织成系列的商品群体，以适应各类消费者的不同需求和爱好，从而形成富有特色的促销实力和声势，并从系列包装群中扩大商品品种，争取更多的消费群，以进一步拓展市场（图 1-14）。

图 1-14 日用品包装　西班牙 Lavernia & Cienfuegos 公司设计

3. 系列包装装潢设计的作用

日常生活中，同类商品的多品牌化使我们在购买时有了更多的选择和比较，但我们往往会被相似却又有差异的系列化包装所吸引。系列化包装设计的作用主要表现在以下几方面。

（1）扩大影响，形成品牌效应，巩固消费者忠诚度

通过商品系列化可以更好地提升人们对此商品的关注程度，从而有利于创造名牌，有利于市场竞争。一组商品中统一形象的反复出现，能使消费者对品牌名称、商标、形象等产生比较深刻的印象，不仅使消费者立刻就注意到商品，更重要的是能给他们留下非常深刻的印象，成功地树立起企业的品牌形象。如果消费者对系列产品中的一件满意，就会对该系列的其他产品产生信任感，这样就扩大了销售影响。如果是传统名牌产品，更可借名牌魅力来扩大销售。

（2）有利于产品发展和市场份额的增加

一组成功的系列包装能为企业树立起良好的信誉，使消费者对产品产生信任感，以此带动一批产品的生产和销售。系列化包装对商品的作用远远超过了包装原有的一些功能，它已成为市场营销中的一种重要方法。对商品的品类进行系列化包装，有利于不断开发新的商品，同时还能节省新增产品的设计时间和设计费用（图 1-15）。

系列包装还是企业经营理念的视觉延伸，使商品的信息价值有了前所未有的传播力。塑造产品品牌形象，实际上是对产品的二次投资，是对产品附加值的提升。

图 1-15 茶包装　Gareth Roberts 设计

"Tesco"系列果茶和花茶包装，目标消费群是 30 至 40 岁的年轻女性，由于市场反应良好，该系列产品从最初的三种增加至十种。

（3）完善卖场的整体性，突出陈列效果

由于系列包装装潢设计强调统一中有局部的变化，以形成商品类别中的品种差异，因此只是在色彩、图形、文字或造型结构上做出有趣的变化（图 1-16）。

系列包装具有良好的陈列效果，因为一个系列中的多种商品摆放在一起，构成了较大面积的展示空间，在展示和陈列上会形成强有力的视觉冲击力。另外，系列包装设计强调了商品群的整体面貌，特征鲜明，既有利于树立企业的形象，扩大企业的声誉，增强宣传效果，又为企业节省了一部分广告宣传费用，能给企业带来较大的经济效益（图 1-17）。

图 1-16《轻停》茶包装　张玲玲设计　沈卓娅指导

图 1-17 蜡烛包装　吴燕秋设计　沈卓娅指导

模块一　概念认知与项目解读

4. 系列包装设计的类型

系列包装设计的类型可分为商品属性系列化、包装形态系列化、内容物大小系列化、消费者类别系列化、使用场所系列化等。

（1）商品属性系列化

商品属性系列化，是指相同的某一种商品，为了使用或功能的需要，在产品的配方或原材料的选用上有所不同，因此形成了商品本身的内在差异。此类设计大多体现在化妆品中，如相同系列的保湿霜有日霜和晚霜之分，而相同的润肤露也有膏霜与乳液的区别。在食品中也有类似的例子，如同一品牌名称的果汁系列中有葡萄汁、柠檬汁、杨桃汁、马蹄汁等（图1-18）。

（2）包装形态系列化

包装形态系列化的存在，是由商品本身形态所决定的。世界上的物质形态有液体、半液体、固体之分，因此商品的包装就需要用形态系列化的设计方式加以配合，如食品包装中的袋装、盒装、罐装等，化妆品类的香水、粉底、唇膏等包装设计，以及饮料类中的瓶、罐、杯等（图1-19）。

（3）内容物大小系列化

内容物大小系列化，是指同样商品可以按内容物的重量多少、体积大小来进行大小系列化的设计，以适应消费者对用量的不同需求，如护肤品中的30g装、50g装、100g装等，酒类的250ml装、500ml装等（图1-20）。

（4）消费者类别系列化

消费者类别系列化，是指产品的生产针对某些特定的消费群体而进行的特别订制，并以此形成的系列产品，如将洗发水按功效分为顺滑、去屑、弹性卷曲、滋养防掉发、乌黑、莹彩、倍直垂顺等供消费者选用；沐浴液中也有纯净型沐浴露、滋润型沐浴露等。

（5）使用场所系列化

使用场所系列化，是根据商品特性而将商品按使用场所的不同进行细分。这类系

• 教学课件：狮域设计公司项目案例

图1-18 "亨氏"沙拉包装　Cow&n品牌顾问公司设计

图 1-19 儿童护理用品包装　王炳南设计　　　　　　图 1-20 食品包装　原彰彦、P&P スタッフ设计

列化设计多用于家庭用品或个人护理用品，如纸巾可分家庭式盒装、外出旅游式便装、简易式袋装等，洗发水、沐浴液等也会有家庭装和旅行装等的区别。

系列包装设计类型的选择，是由商品自身特点所决定的。这就需要针对具体的商品形式，并结合销售策略，制定出较理想的系列化战略。

在系列包装设计中，虽然强调的是同类商品的系列组合，但也并非一成不变。有些商品在使用过程中有一定的关联性，如西式饮品中咖啡与杯、勺、糖的关系，中式饮料中茶与茶壶、茶杯及冲泡时的其他用具的关系（图 1-21），或旅行用的盥洗用品中牙刷、梳子、香皂等的关系。这些不同类别的商品在系列化设计中，既要有统一的视觉元素，又要有符合商品本身形态的包装。除此之外，还要分清商品的档次，不能把低档次商品同高档次商品组合在一起。

图 1-21 "上善若水" 茶具与茶叶组合包装——用茶叶、茶杯、茶垫做的组合包装
广州玩味工艺品有限公司设计

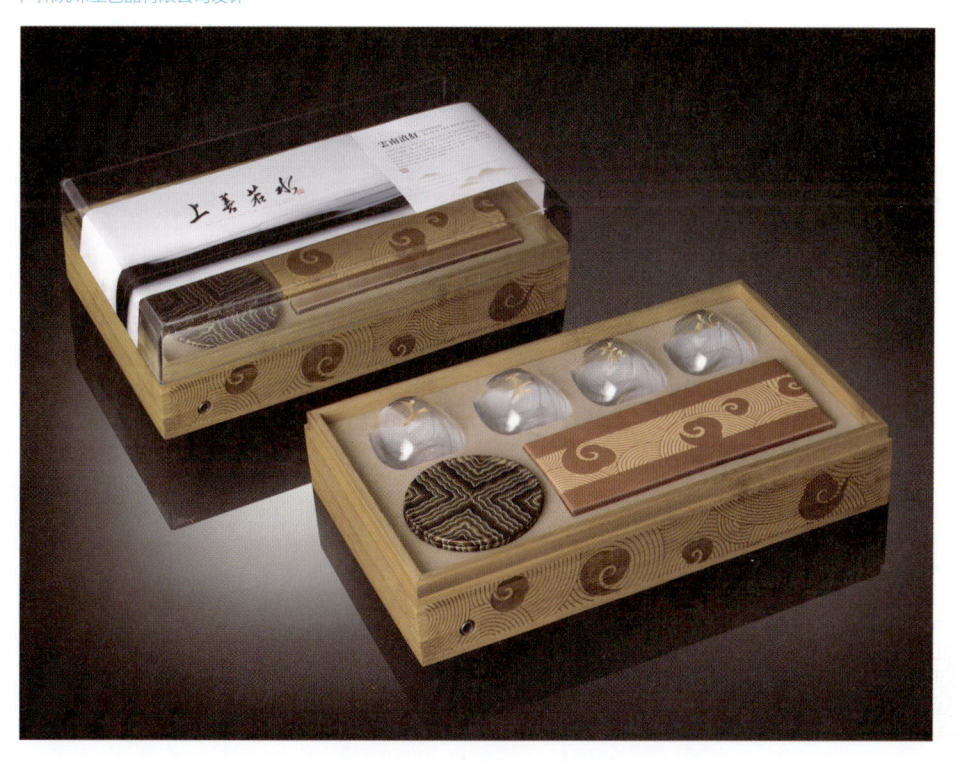

模块一　概念认知与项目解读

5. 系列包装装潢设计的方法

系列包装装潢设计是在相同品牌的统领下，采用局部变化的方式将同一类别的商品统一起来，形成一个具有统一形式特征的商品群，从而达到提高商品视觉形象冲击力、强化视觉识别效果、扩大产品销售的目的。真正做到既统一又多样是不容易的。一方面，有的系列产品数目相对较多，有液态、固态、粉状等形态，也有大小、体量的差别等；另一方面，系列化的表现形式不能一味地刻板和程式化，还要遵循一定的"多样统一"原则，这样设计出的系列化产品才能在统一的整体美中，又有各个单体的特色和变化。这就需要寻找能够形成系列感的视觉元素，以及实现"多样统一"平衡点的方法，从而做到系列化包装设计整体格调的统一协调。

（1）形成系列感的视觉元素

① 商标和牌名。为了区别同类商品，商标和牌名是必须出现在每一个单体包装上的视觉形象。

② 品名组合。品名是为了表明商品的类别。为了更清楚地表明商品的特性，常常会有两种以上的字体组合。组合后的品名需要出现在每一个单体包装上。

③ 风格调性。风格调性是设计时采用的某种表现形式，它能营造出一种特有的气氛，而这种气氛的设定又需要与商品的特性相配合。一旦选定了某一种风格调性，每个单体包装都必须做到与整体调性相统一。

④ 形态造型。这是由商品本身的形态决定的。但可以在容器造型或纸盒结构的某一个部分上考虑采用统一元素，或材料选用上的统一。

⑤ 版面构图。将文字、图形等视觉元素进行组合并构成完整的画面效果。版面构图可以根据包装盒的尺寸做适当的调整。

⑥ 图形样式。为了更生动、形象地表现商品信息，图形样式应随着内容物的不同而做出变化。

⑦ 色彩色调。需要根据商品的不同类别或不同特征进行色彩色调的变化处理。

从上面列出的七种视觉元素来看，前三种（即商标和牌名、品名组合、风格调性）是不可变化的，需要做到统一；而后四种（即形态造型、版面构图、图形样式、色彩色调）是可以根据实际情况做多样化调整的（图1-22、图1-23）。

（2）实现"多样统一"平衡点的方法

统一的元素多了，系列化的程度就高一些；相反，统一的元素少了，系列化的程度就低一些。但在一个系列的每个单体包装中都必须出现商标和牌名、品名组合及风格调性这三种元素，而且要有相同的比例关系和相对位置排列关系，否则就形成不了系列化。在系列中相互区别的特色，则可从色彩、图形、构图等方面做系统性的规划，但必须注意到系列中的统一印象，切勿因区别的距离太大而影响其统一性，以至丧失系列化的统一识别功能。因此，实现"多样统一"平衡点的方法就是，以统一的识别特征为主，以各自的特色为辅，达到系列包装装潢设计的目的（图1-24）。

图1-22《圣诞红杯》系列包装　星巴克公司出品

图1-23《周年纪念》系列包装　星巴克公司出品

图1-24 食品包装　沈卓娅拍摄

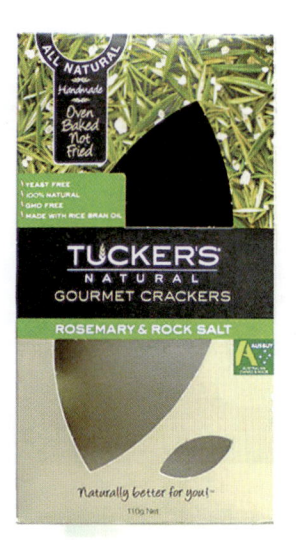

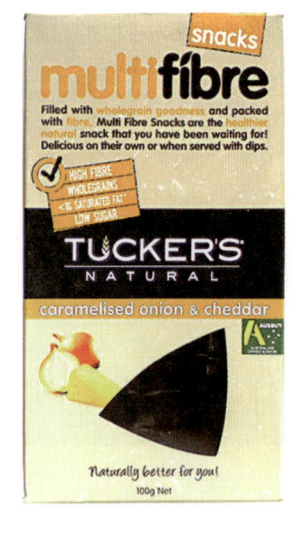

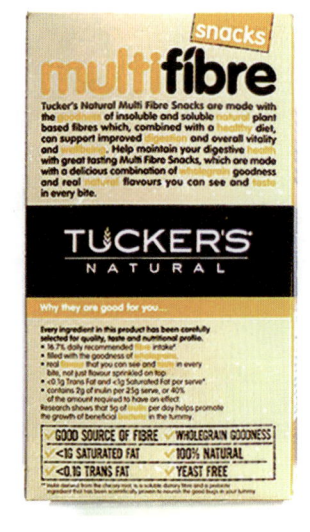

此例中的果汁饮料包装由于相同的设计风格，令人一眼望去便知是同属一个"家族"。不同类别的包装配合相对应的水果形象，更显示出果汁的诱人。最具特色的是横跨两个面的标签设计，与背景产生强烈的对比，更突出了品牌名。

模块一　概念认知与项目解读

在设计时可以从平面装潢方面切入，以商标和牌名、品名组合、风格调性为中心，对版面构图、色彩色调、图形样式进行符合商品特点的设计。方式有如下三种。

① 色彩、图形、构图的高度一致，仅通过品名、规格不同来区分商品的具体品种。

② 构图相同，以色彩或图形的不同来区分。

③ 风格、色彩相同，以构图不同来区分。

无论采用哪种方式，企业商标均应做到色彩一致，位置一致或基本一致；而品名、规格、厂名应采用企业的标准字体，以形成特色鲜明的系列包装形象。

如图 1-25 通过色彩的不同来区别系列间的差别，是系列设计中常用的手法之一。"Droste" 巧克力系列包装采用相同的构图，并在产品图形基本一致的前提下做少许的变动，以传达出系列中各产品在内容物上的区别；而在色彩和局部细节上进行变化的方式，则形成了这套系列设计独有的视觉效果。

如果从立体方面着手，可以对材料、造型、结构、体量等进行统一或局部的变化，来增强系列化的特征，这也是塑造包装系列化形象的有效手段（图 1-26、图 1-27）。

图 1-27 情人节巧克力包装采用了多种元素变化的形式。在商标、牌名和产品名的标准字形，以及画面比例、位置排列和风格调性上进行了统一，以加强识别主体的视觉传达功能；在构图、色彩和大小尺寸上则做了相应的变化，既强调了系列特征在重复性和共性前提下的整体效果，又有单体包装的独特个性。

- 文献资料：预包装食品标签通则（GB 7718—2011）
- 文献资料：药品说明书和标签管理规定

图 1-25 "Droste" 巧克力包装　沈卓娅拍摄

这套巧克力包装设计在画面的处理上也有不错的巧思：① 品牌名及封口标居中摆放，将对称的编排形式推向了极点，但斜放的色块却打破了这种格局。② 规则而密集排列的说明文理性地放置在三个立面上，与倾斜放置的色块形成了很好的动静组合；金色印刷的文字更显包装盒的精美。③ 纤细的线条、静止的图案密集地排列在封口条上，而印刷后的每一根线条仍清晰可辨，足以体现印刷工艺的高超水准。

图 1-26 巧克力包装　真下直英设计

图 1-27 情人节巧克力包装　米设计事务所设计

模块一　概念认知与项目解读

1-3 拓展与提高

一、礼品包装装潢设计

1．礼品包装的特点

人类社会素有"礼尚往来"的习俗，这之中自然少不了礼品。礼品作为具有特殊用途的商品，在包装设计上有别于一般商品的包装。一般商品通常是日常必需品，讲究的是符合个人需求和实用；而礼品是用来赠送给他人的，体现送礼者的心意，这时盛装礼品的包装就显示出非常重要的作用，对礼盒包装的设计也就有了更高的要求。因此，礼品包装设计与一般包装设计的着眼点有相当大的差异。

首先，礼品包装要能表达出送礼者的诚意，与送礼者及接受礼品者的身份相符。因此，礼品包装设计需要通过特殊的材质、特别的加工工艺及独具匠心的设计来体现礼品的品位。

其次，不同的节庆日都有不同的主题，如何表现好各种主题是礼盒取胜的关键。在节庆中，传统的节日有春节、端午节、中秋节等，另外还有从西方传来的圣诞节、情人节等，以及生日、结婚等各种纪念日（图1-28）。具体来说，传统的春节，不仅要表现出中国风格，同时还要呈现出喜气洋洋的新春祝福；圣诞节则要以圣诞老人、圣诞树等为主角；而情人节礼盒自然就以浪漫、情深意长为主旋律了。庆贺结婚的礼品，包装可饰以表示喜庆的双喜、鸳鸯、龙凤等图案；生日礼品的装饰应有祝愿"生日快乐"的意向；而祝寿的礼品包装则应装饰有"寿"字，或松鹤延年、松柏常青等图案。

此外，还有一种通用型的礼品包装，一般多使用装饰性的图案，而这种图案及其色彩应给人以美好、祥和的感觉，以配合送礼者诚挚的心意和受礼者追求美好生活的愿望。这些图案可以在不同情况下使用，缺点是针对性较弱。至于礼品包装的结构，则可以采用拎盒式、提篮式等，做到既美观又便于携带。这种通用型礼品包装的优点是适应性比较强，适合消费者的多种需求。另外，礼品包装也可以做系列化的设计。

简而言之，风格化礼品系列包装设计应该表现出以下四个特点。

① 通过材料和工艺表现出一定的品位。

② 针对某些特定的节、庆、婚、寿等事件，体现礼品的特殊用途。

③ 送礼本身就是一种传情的方式，因此不可忽视其中的情调。

④ 礼品往往还是某一地区或民族的特产，因此还要表现其特色。

2．风格化礼品包装装潢设计的一般程序

在设计中，当我们使用传统素材时，不应满足于简单地挪用，而应借鉴其表现手法、造型特点，再结合商品的特点，融入现代气息。一般说来有以下程序。

·教学录像：
　包装设计的发展历史
·演示文稿：包装设计的发展
　历史

图 1-28 陶陶居《靓仔靓女》月饼包装　兴之文化、乐品文化、构国学图联合设计

① 首先要寻找与所要表现风格有关的视觉资料。可以从历代的衣食住行和文化习俗等方面着手，在文献资料上寻求解释和内涵，在图形资料中提取可以视觉化的图形元素。

② 接着以这些图形为资料进行平面造型设计，可采用打散再组合手法对原有图形进行整理，或以视觉艺术的创作方式予以再创作。

③ 然后将经过以上处理的新图形加以编排配置，使之形成所需要的包装构图，再配以必需的文字及色彩，便是较完整的设计。

・例题：学生示范作品（酒包装）

3．常见的礼品包装设计

（1）茶包装设计

一个精美别致的茶包装，不仅能给人以美的享受，还能保持茶叶的质量，不致变质。只有充分了解茶的特性及造成茶叶变质的因素，才能根据这些特性来选择适当的材料加以运用，做到尽善尽美。

① 茶包装的特性。茶叶有吸湿性、氧化性、吸附性、易碎性、易变性等特性。根据这些特性应选择具有良好的防潮、阻氧、避光、无异味，并有一定抗拉强度的复合材料，在包装结构设计上需考虑密封性，同时还要考虑到便于开启。

② 茶包装的设计。人对色彩具有主观感情和客观感情，不同的茶叶冲泡出的茶汤

有不同的颜色，也给人不同的感受。例如，绿茶清新鲜爽，红茶强烈醇厚，花茶清香味纯，青茶馥郁清幽，而这些特别的品质使绿茶包装采用绿色系，红茶包装采用红色系，普洱茶等半发酵茶包装采用棕色系。

有人说，茶乃上苍赋予中华民族的恩赐，实属不为言过。在岁月的长河中，茶的清香和高雅与中华民族的个性相结合，并成为刻画"中国"的重要形象。因此，茶包装的图案设计应该是一种神韵的体现，一种风格的体现，一种时尚的体现。设计时可以用现代的手法将传统纹样进行变形，使之更具有现代意味、更符号化、更简洁，从而产生一种有文化、有内涵、超凡脱俗之感，这也与茶的个性相符（图1-29）。

另外，包装的标志要醒目，并有完整的标签，标明品名、生产厂商、地址、生产日期和批号、保质期、等级、净重、商标、产品标准代号等。总之，应准确、迅速地传递商品信息。

（2）酒包装设计

酒文化是全人类各民族文化中的一个共同点，它具有很广泛的社会性和人民性，蕴藏着丰富的内涵，有着深厚的社会基础、鲜明的民族特色和持久的生命力（图1-30）。

世界上许多国家都有产酒的历史和文化。我们一般熟悉的酒有白酒、黄酒、红酒、啤酒，另外还有洋酒。在烈性洋酒中又有金酒（Gin）、威士忌（Whiskey）、白兰地（Brandy）、伏特加（Vodka）、朗姆酒（Rum）和龙舌兰酒（Tequila）。如果按酒的生产方式来分有发酵酒、蒸馏酒、混配酒三种。

用于销售的酒瓶材质分为两大类：玻璃和陶瓷。前者透明，晶莹照人，华丽高档；后者釉色可人，高贵典雅。由于造型不同，酒瓶会产生出格调高雅、豪华、粗犷、精细、朴素、敦厚、玲珑或古拙等不同感觉。

酒容器上的标贴一般分为身标、胸标、肩标、腹标、颈标、顶标和盖马标等。由于身标、胸标及腹标所处的位置略有差别，在运用时只要取其一便可，再配合顶标就是最基本的标贴组合方式。标贴的形状多种多样，根据容器形态，也有围绕着容器贴一圈的形式。标贴选用的多少、形状和大小，与容器的形状有着很大关系（图1-31、图1-32）。

图1-29《茶叶包装》 广州玩味文化公司设计

图1-30 酒包装 陈小静设计 沈卓娅指导

通过《花团锦簇》《喜上眉梢》《岁寒三友》传统图案和吉祥成语组合，表现出汉民族传统的风格韵味。

图 1-31 酒包装　雅丽珊蒂设计

按常规来说，酒标是一个完整的整体，但这款葡萄酒却被从中剖开，分成左右两个部分，而且文字的排列处理竟也毫不相关，只有中间的鳄鱼在维系着左右两部分。被分割而留下来的锯齿状的缝隙在深色瓶的映衬下形成了一条宽的黑线，与鳄鱼形成十字交叉的视觉焦点。本应是封口的酒标，却被盖住了，只露出三分之一，而且与身标的设计风格相去甚远。虽然整个设计充满着对立，但具有别样的情趣。

图 1-32 清酒包装　松井桂三设计

松井桂三的设计以中轴线为中心展开，在对称中求得变化，而容器造型则寻求瓶体上的不对称，再加上特殊的材质，使其个性独特，并极具东方魅力。

（3）香水包装设计

时尚和个性是香水包装的最大特点，它反映出使用者的身份和品位。三宅一生通过出神入化的"褶皱"元素，让"Pleats Please"（三宅褶皱）香水瓶设计既体现了东西文化的融合，也具备时尚感。无论是瓶形、图形还是品牌名，都通过"三宅褶皱"彰示

模块一　概念认知与项目解读

着一个独特的印记、一段与众不同的故事、一种时尚的理念。外盒上,品牌名中的字母"E"被设计成细长形或被压缩,如同被精致地折叠过。瓶盖也由二维褶皱化身成三维空间的设计,与瓶身的宝石切面形成很好的视觉对比。外包装盒的色彩则是混着粉色与橙色,散发出强烈的欢乐感,盒上的图形也巧妙地呼应着褶皱波纹(图1-33)。

香水的设计首先要考虑消费者的综合感知体验;在此基础上,容器的器形和色彩要表现出产品本身的特性;然后是品牌文字的设计,及其印刷效果。另外,材质的特性也是设计中考虑的重要方面。例如,欧内斯特·博瓦设计的"香奈儿5号"(Chanel No.5)是世界最著名的香水之一。这款香水的瓶盖是切割成的祖母绿宝石的形状,方正线条的瓶身,标签是白底黑字,无任何装饰。整个设计充分反映了香奈儿的风格——简洁、纯净、有效,与现代人的精神相吻合,令人印象深刻。它在1959年获选为当代杰出艺术品,现陈列于纽约现代艺术博物馆内(图1-34)。

芳香是香水产品的最大特征,因此不论是直接还是间接的方式,都需要把独特的香气传达出来。消费者抓握香水的姿势,是人体工程学在香水容器造型设计中的一个重要切入点,以此可以建立起与产品的感觉联系。手指触摸瓶身时的不同感觉,会让香水包装具有独特的灵性和鲜活的生命力。因此,在设计香水包装时除了要兼顾功能性的问题,还要使包装成为视觉中心,且具有易于识别、使用、抓握和保存的特点(图1-35)。

图1-33 "Pleats Please"(三宅褶皱)香水 三宅一生设计

二、民族风格包装设计

民族风格是民族性的外部特征,表现本民族特有的视觉符号,为本民族多数成员所喜闻乐见。民族风格有时被称为民族形式、民族特色等。

民族风格并不是一个抽象的概念,它由一些非常生动、具体的形象来体现。如果把这些蕴藏着生命力、充满着魅力的形象带入包装设计之中,将会迸发出勃勃生机。

图1-34 "香奈儿5号"香水 沈卓娅拍摄

图1-35 "Codizia"香水

"Codizia"是一款专为钟情于优质超值产品的女性而设计的香水。圆润的瓶身、金色的玻璃外壳、相对的两个白色曲面都体现了优雅、个性、成熟的产品气质,外包装盒也采用了与瓶身形状和颜色风格一致的图案。

图1-36 "鸟语花香"茶套装 广州玩味工艺品有限公司设计

图1-37 传统的花雕酒坛

1. 民族风格设计的意义

通过一定的装饰手段反映区域性文化特色，是传统商品和地方特产的包装设计常用的手法。在改革开放的形势下，民族风格在包装装潢设计中越来越重要。中华民族有着悠久的历史，在长期的发展过程中，形成了自己的文化传统和艺术特色。这种文化传统和艺术特色反映在包装装潢的设计中，就是民族风格的设计（图1-36）。

中国古老的文化艺术，在人类文化艺术宝库中占有重要的地位。对于我国固有的这一丰富、绚丽的文化艺术宝藏，在设计中是不应忽视的。我们常说："越是有民族性的，就越具有世界性。"我国历年获得"世界之星""亚洲之星"大奖的优秀包装就是强有力的证明。

2. 民族风格设计中的注意事项

第一，中国是个多民族的国家，几千年来各民族的发展一直是不平衡的，不同的民族有着不同的民族风格。汉族人口占全国总人口的94%，在政治、经济、文化、语言、地域等方面一直占有主导地位。因此，在外国人眼中，"中国风格"主要就是汉族风格，或者是以汉族风格为主体的风格。如果是为某个少数民族的传统产品或土特产进行包装设计，就应突出该民族的特色，使其散发出更浓郁、更具特色的民族风格（图1-37）。

第二，民族风格也在发展和变化之中。由于各民族间互相影响、互相交融，民族间共性的因素就会与日俱增，因此各民族风格往往都会打上同一时代的烙印。新的民族风格是本民族的成员们在继承传统的基础上，不断吸收外来文化营养，抛弃自身陈旧落后的因素，在不断丰富和提高自身的过程中形成的。在进行民族风格的包装装潢设计时，我们也要按照"古为今用，洋为中用"的原则和"取其精华，去其糟粕"的要求进行创造性的工作，把民族传统与时代精神结合起来，使设计作品既具有民族风格，又能适应市场经济发展的需要。

第三，包装装潢设计与纯粹的艺术创作不同，它以促进商品的销售为最终目的。所以，不应把民族风格的设计看作是唯一的手段，当需要有民族风格时就努力去追求；反之，则不必牵强附会。那种以为只要具备民族元素的包装，就能受到各国及各类消费者的欢迎，以为只要借助古老的文化力量就能使产品畅销，进入国际超级市场的想法，是主观的、片面的。古老的中华文化与商业宣传文化之间是不能简单地画等号的。因此，在风格的选择上，要根据商品的特色和销售地区等具体情况，制定出具体的设计策略。

第四，在包装装潢的设计中，既要注意反映民族的风格，也要注意尊重销售地区消费群的习俗和好恶，这对于外销的商品而言尤为重要。例如，在图案方面，"龙"是中华民族的象征，也是东南亚许多国家喜好的形象，但英国人却不喜欢；"芳"字的汉语拼音是"fang"，而它在英语中则有"狼牙、毒牙"之意。又如，英国人还忌讳象和山羊，同时也不允许以人头像作为商品设计元素；日本人忌荷花；意大利人忌菊花；法国人忌孔雀和核桃；瑞士人忌猫头鹰；阿拉伯许多国家忌星星图案（因为以色列国旗是以星星为图案的），但却喜欢零碎、复杂的花鸟图案。这些都是我们要加以注意的。

模块一 概念认知与项目解读

3. 传统素材的发掘和运用

在中华民族风格的设计中，可供运用的传统素材非常多，常见的有书法、绘画、篆刻、服饰、民间工艺、园林艺术、建筑艺术等，并且依朝代和区域不同各具特色。这就需要我们认真地加以搜集、发掘、整理和研究。现将包装装潢设计中经常使用的中国书法、印章和绘画等做简要的介绍。

（1）书法

我国的书法艺术早已被广泛应用于传统包装，以表达我们民族的气质和民族的审美。当它与图形、色彩相配合出现在画面上时，通常起到传递商品信息的作用；而当它仅作为背景图形或装饰图形出现时，更倾向于体现书法艺术的形式美。

在书法的应用中，要尽量发挥其多样性和独特性的特点。篆书和隶书能给人以古朴高雅的感觉，草书和行书给人以奔放流畅的感觉，楷书则给人以严谨端庄的感觉。但是，对于较难辨认的篆书字和草书字应谨慎使用，否则就很难起到宣传商品的作用。

总之，无论采用哪种字体或处理手法，都不能脱离商品的内容和消费者的需要。要使各种不同字体充分发挥作用，以满足消费者识别商品、选购商品的需要（图1-38）。

（2）印章

印章在古代多以篆书刻成，故而又称篆刻。除篆书外，隶书、楷书及图形等也可以刻成印章。印章是集传统的书法、绘画和雕刻为一体的独特的艺术形式。

利用印章艺术来表达品牌名、品名或其他附加文字，不但可辅助装潢画面来说明特定内容，还可增加形式美，成为装潢画面上的组成部分。印章上的文字，经过精心安排和巧妙布局，可构成极好的适合纹样。

模仿印章形式并把它应用到一些传统商品、工艺品和土特产品等的包装装潢上，能增添设计中的中国文化意味。

（3）绘画

中国的绘画可分为两大类。其一为国画，又称水墨画、彩墨画，按技法可分写意画

图1-38 "水井坊"酒包装　朴素堂设计

图1-39 茶叶包装　沈卓娅拍摄

在这款茶叶包装的画面中，主要的视觉元素就是用印章来做组合的，这样的设计突出了风味食品的特色。

和工笔画，按题材可分为山水、人物、花鸟等。其二为民间绘画，如莫高窟、永乐宫的壁画，杨柳青、桃花坞、杨家埠等地的木版年画等。中国绘画不计较光影的真实再现，而重视线条的概括表现，具有强烈的装饰美感，能够很协调地应用于包装装潢上（图1-39）。

（4）书籍装帧

在进行民族风格的装潢设计时，常常将传统书籍装帧的形式运用其中，如线装书的页面处理、木版印刷的字体编排等，这种设计可以表现出一种"书香气"。

（5）传统图案

中国传统图案是一个巨大的资源宝库，品类丰富、形式多样，且为人们所熟悉，因此选择的余地非常广泛。一种图案，可选择刺绣、印染、剪纸等不同的工艺、不同的风格来表现，这主要视整体的设计风格而定（图1-40）。

此外，还有传统用具、装饰品、砖雕等可供参考。

将以上的传统素材用于设计一般有两种做法：一种是直接植入；另一种是根据构图的要求对素材进行择取、组合、变异，使其融为一个完整的画面。

三、绿色可持续设计

1. 绿色可持续设计理念

绿色可持续的设计，可以理解为通过绿色设计的理念达到可持续发展的目标。

绿色设计理念真正得到广泛传播是由于20世纪70年代的"能源危机"，危机引发人们重新审视设计的意义，其理论代表是美国理论家维克多·巴巴纳克出版于1969年的著作《为真实的世界设计》（*Design for Human Scale*）。巴巴纳克认为，设计的最大作用并不是创造商业价值，也不是包装风格方面的竞争，而是充当一种适当的社会变革过程中的元素。他强调，设计应认真考虑有限的地球资源的使用问题，并为保护地球的环境服务。他同时还强调了设计师的社会价值和伦理价值。在巴巴纳克的倡导下，

·教学录像：
包装设计的延伸意义
·演示文稿：
包装设计的延伸意义/绿色可持续设计理念

图1-40 "马到成功"茶礼包装　广州玩味文化公司设计

绿色设计的概念应运而生，成为当今商业设计的主要发展趋势之一。

目前在世界范围内掀起的可持续发展浪潮，正是人类面对日益恶化的生存环境的一种觉醒。可持续发展强调了两个基本要点：一是强调"人类应通过与自然和谐相处，享有健康而富有成果的生活的权利"，而不应该是凭着人们手中的技术和投资，采取耗竭资源、破坏生态和污染环境的方式来追求这种发展权利的实现；二是强调"公平地满足今世后代在发展与环境方面的需要"，不能一味地、片面地、自私地为了追求今世人的发展与消费，而毫不留情地剥夺后代人本应享受的同等发展与消费的机会。

绿色设计是一种以环境资源保护为核心概念的设计理念，绿色包装是将包装质量、功能、寿命、环境一体化的系统设计，它使资源、能源得到最大限度的利用，将包装对环境的影响减少到最低或完全无污染，是包装工业可持续发展的必然选择。发达国家在包装工业上使用最多的方法是生态循环（Life Cycle，也称"寿命全程"）。所谓"生态循环"就是指使用天然的材料，经过加工成为产品，供人类使用之后，又回到自然环境这样一个封闭的循环过程。

2. 我们今天存在的问题

我们生活在一个资源丰富，但并非永不枯竭的星球上。有限的能量和资源正在被与日俱增的包装消耗着，我们的生存环境也正被日积月累的废弃物污染着。看看下面的这些问题，我们就能更好地理解绿色可持续设计的重要性。

其一，不断发展的包装工业。包装工业是指生产包装材料、包装产品的企业部门。目前我国包装工业总产值位于美国、日本之后，是世界第三包装大国。与此同时产生的是大量的包装废物，由包装所造成的环境污染问题已逐渐引起公众的关注。包装废弃物对环境的污染仅次于水质污染、海洋湖泊污染和空气污染，成为第四大污染源。特别是包装材料工业，在生产过程中排放大量的废水、废气、废渣，若不进行处理或回收利用，势必造成严重的环境污染。

其二，不断增加的废弃物。我国城市每年产生生活垃圾2亿多吨。在填埋的生活垃圾中，包装废弃物占14%以上，其中塑料袋类包装物所占比例最大，其次是复合类软包装物、玻璃类包装物等。与其他环境污染源相比，包装具有自身的特殊性。首先，包装应用广泛，对环境污染的可见性高；其次，包装往往是一次性消费，使用寿命短；再次，包装制品特别是塑料化工类复合制品不易回收，降解时间长。包装随同产品到达消费者手中，经使用后大多数均已完成自身使命。若不加以回收和处理，任其弃置于环境中，这些包装物如塑料袋、塑料瓶、玻璃瓶、金属罐、纸盒等将对环境造成污染。

我国包装废物回收利用体系也存在一系列的问题。

① 回收渠道混乱。
② 垃圾分类收集水平较低，不利于低价值包装废物的回收。
③ 包装废物利用企业生产规模化程度低。
④ 缺乏相关的宣传、教育工作。

3. 走出消费的误区

20世纪80年代，我国的产品因为包装不够精美、不够时尚而遭人冷落，被称为

·教学录像：
　包装设计的延伸意义
·演示文稿：
　包装设计的延伸意义／设计师的社会责任

"一流的产品,二流的包装,三流的价格",被戏称为"赤膊上阵"。但仅过了30年,市场上琳琅满目的商品中,豪华包装比比皆是。茶叶、烟、酒等商品不仅包装用材高档,而且不乏"盒套盒"者,有些产品的包装成本已经占到总售价的70%~80%。"豪华包装"似乎已成常态,它反映了奢侈消费的趋势。

从企业的角度看,"豪华包装"无非是想增加一些"卖点",增加一些利润。而消费者对商品,尤其是礼品型商品过于高档化、体面化的消费追求,更使商家挖空心思在包装上做足"花样文章"。商品的外盒包装最终成为炫耀的载体,"豪华包装"也最终成了危害环境的"美丽垃圾"(图1-41)。

针对过度包装的问题,我国消费者权益保护组织提出,凡包装体积明显超过商品本身体积的10%和包装费用明显超出商品价格的30%,就应判定为侵害消费者权益的"商业欺诈"。有关资料也显示,部分地区正酝酿制定测定过度包装的标准,如包装容器内的空位不得超过容器体积的20%,包装容器内商品与商品的间隙应在1cm以下,包装成本应在产品总成本的15%以下等。

4. 成功及优秀的案例

在"新时代英国可持续性设计"展览上,Airfil公司利用空气的特性开发了包装用气枕。当打开电器和电子设备的包装时,用于固定和缓震作用的泡沫塑料不见了,取而代之的是这种空气枕。这种空气枕具有无尘的特点,而且由于强度大,可以降低外包装层的厚度,从而节约更多材料。它最大的优点是,当需要时只要再次充入空气就可重复使用。非常可喜的是,这种技术专利的身影已经出现在我们今天的日常运输包装中,发挥着似乎并不起眼的作用,但实际上对环境的贡献不可小视。

- 常见问题:关于包装与包装设计/绿色可持续设计理念和设计师的社会责任
- 文献资料:包装法规

图1-41 奢华的包装盒
当取出商品后,这些奢华的包装盒便成了垃圾。

法国的"依云"（Evian）矿泉水，也在绿色可持续设计中进行着尝试。这款高端矿泉水在与法国时装设计师安德烈·库雷热（Andre Courreges）的合作中，推出了一系列限量版包装。安德烈·库雷热为"依云"设计的矿泉水瓶全部以100%可回收材料制成；除了瓶子以外，瓶身上的图印墨水也都是用有机颜料印制的。这样大大减少了对环境的污染，增加了循环利用的可能性，同时也符合"依云"矿泉水"以活力、健康的姿态享受每一天"的品牌理念（图1-42）。

据计算，一个产品在使用期内的环境成本大约有80%取决于设计。这在减少废料、降低能源与材料消耗方面提出了更高的要求。因此，设计过程本身必须进行重新设计，要紧紧抓住新材料、新工艺和新工具带来的创意机会，在设计工作中切实树立起"绿色包装"的观念。在包装设计环节中准确合理地选用材料，加之完善的创意，同样能对绿色包装的发展起到推动作用。

"世界是设计出来的。"在现代化的今天，当绿色可持续发展的理念被注入设计之中时，对于设计师来说，可持续设计不仅仅是一句时髦的口号，更是一种实实在在的责任（图1-43）。

· 文献资料：推荐网站
· 文献资料：阅读书目

图 1-42 "依云"矿泉水　安德烈·库雷热设计

图 1-43 "快乐"垃圾袋　Wieden、Kennedy 设计

模块二

市场营销与定位策略

本模块知识点：市场细分、整合营销传播、营销导向、市场调查、市场定位、市场营销

知识要求：了解市场营销、市场细分、市场定位等基本概念，能较好地理解产品定位与包装装潢设计的关系，具备理解、领会产品市场定位策略的能力

本模块技能点：能通过品类第一的方法来进行市场定位，了解几种常见的比附定位策略，了解品牌形象定位的要求，理解市场营销与包装装潢设计的关系，根据消费者文化和个性调整包装设计，根据消费者购买力调整包装设计

技能要求：具备理解、领会产品市场定位策略的能力，初步掌握在包装设计中体现产品定位的常用策略

建议课时：12 学时

本模块教学要求、教学设计及评价考核方法等详见"爱课程"网站相应课程资源。

2-1 任务描述

任务解析

针对包装装潢设计的形式、特点、要求，指导学生进行实地的市场调查，收集并整理不同品类的商品包装，并通过资料分析，整理出目前系列商品包装的现状和特点，以及各系列品类间的差异，以更好地掌握包装设计表现方法与市场营销、消费群体之间的关系。

实训内容

① 学习制定市场调查表。
② 学会调查的方法和手段。
③ 按照市场调查的分类进行各项资料的整理。
④ 总结调查结果。

学习目标

结合包装装潢定位设计和整合营销传播、品牌策划知识的学习，通过市场调查了解销售包装的现状，重点掌握市场调查的方法，正确掌握定位设计的核心知识点，以更好地配合技能训练。

能力目标

通过实践教学掌握实地市场调查的方法,并将考察后的实物或收集的包装资料做归类整理;具备资料分析和综合判断的能力,并能整理出正确且符合项目要求的设计思路。

任务展开

1. 活动情景

分组去销售场所(如超市、商店等地)做实地的市场调查。可采用各种手段,如观察、访问,收集有关文字、图片、实物等资料。将考察实物或收集的包装资料进行平面化处理(拍照或者手绘),并记录每一个包装的不同面所展示的信息。

2. 任务要求

① 充分理解要进行包装设计项目的推出目的。
② 掌握商品包装的特性和特殊要求。
③ 分析和理解营销策略诉求重点的差异。

3. 技能训练

掌握包装装潢设计的市场调查与资料的收集方法,具备实地市场调查的能力,具备对市场调查资料做综合分析的能力。

4. 工作步骤

① 按三人一组的方式进行工作分配。
② 通过拍照、手绘及笔记方式,对销售场所如超市、商店等出售的相关产品做实地的市场调查,主要考察包装的形态、样式、所用的材料、消费者的喜爱程度及产品价格等信息。

考核重点

市场调查、资料收集与整理能力。

③ 着重感受包装的个性化特征,通过货架陈设分析包装的三大功能在销售中的作用,以及不同品类商品的设计特征。
④ 在图书馆和相关网站上查阅资料,进一步认识国内外及不同时期的优秀包装。
⑤ 练习以表格的形式总结、分析和判断,并得出结论。

2-2 基础知识

一、关于市场调查

1. 为什么需要市场调查

将产品由生产者转移到消费者手中,需要经过批发商,然后到商场、超市等售卖场,再到货架上出售,这样一个简易版的销售渠道。

目前,所有企业都面临着同样的困惑:一方面在营销活动中同类产品之间的差异越来越小,甚至完全同质化;而另一方面,消费者又有许多机会面对众多的选择。此时,企业要想继续保有或者扩大市场份额,就需要清楚地掌握自身产品优势、销售价格、营销渠道、消费行为等,以及竞争对手的各方面信息。要回答这些疑问,就必须通过一系列市场调查活动,对所搜集到的情报加以记录、分析、衡量与评估,才能有一个较为客观的答案,供企业经营者做出正确的销售决策。由此可见市场调查的重要性(图2-1)。

- 任务工单:市场营销与定位策略实训项目单
- 习题作业:学生作业——橄榄油护肤品市场调查(一)至(三)
- 习题作业:学生作业——食用橄榄油市场调查(一)至(三)

图 2-1 酒包装　Stranger & Stranger 公司设计

Stranger & Stranger NO.13 使用了有趣的旧报纸包装。这款节日限定礼品酒拥有最复杂的瓶身标签,标签有超过 500 个单词。产品最终用特制的报纸包装起来以表现一种"自家酿制"的感觉。

市场调查的主持者可以是企业自身，也可以委托专业的调查公司，或由承接设计任务的设计公司来完成。

2. 市场调查的内容

一般来讲，获取信息的方法有两种。一种是在不经意间得到有价值的信息，这是随机获取信息的方法，如读报、看电视、观光旅游、与人闲谈等。第二种获取信息的方法带有明确的目的性和具体的计划性，需要运用一定的手段去获取，也就是我们常说的市场调查。

市场调查通常可分为五大方面。

① 经营环境调查，包括政策、法律环境调查；行业环境调查；宏观经济状况调查。

② 市场需求调查。

③ 消费者情况调查。

④ 竞争对手调查。

⑤ 市场销售策略调查。

与设计工作直接有关或市场调查研究中的侧重点有：

① 市场潜力及消费特性研究。

② 产品研究。

③ 消费购买行为研究。

④ 广告及促销研究。

⑤ 销售环境研究。

⑥ 销售预测。

3. 市场调查的方法

（1）按调查范围

按调查范围不同可分为市场普查、抽样调查和典型调查三种。

市场普查，即对市场进行一次性全面调查。这种调查量大、面广、费用高、周期长、难度大，但调查结果全面、真实、可靠，如我国大面积进行的人口普查工作。

抽样调查，据此推断整个总体的状况。比如人口的抽样调查工作，可选择一两个学校的一两个班级的学生进行调查，从而推断学生群体对该种产品的市场需求情况。

典型调查，即从调查对象的总体中挑选一些典型个体进行调查分析，据此推算出总体的一般情况。如对竞争对手的调查，可以从众多的竞争对手中选出一两个典型代表，深入研究了解，剖析它们的内在运行机制和经营管理优越点，以及价格水平和经营方式。

（2）按调查方式

按调查方式不同可分为访问法、观察法和试销或试营法。

访问法，即事先拟定调查项目，通过面谈、信访、电话等方式向被调查者提出询问，以获取所需要的调查资料。这种调查简单易行，有时不见得很正规，在与人聊天闲谈时，就可以把调查内容穿插进去，在不知不觉中进行市场调查。

观察法，即调查人员亲临顾客购物现场或服务项目现场，如商店交易市场、饭店内和客车上，直接观察和记录顾客的类别、购买动机和特点、消费方式和习惯、商家

- 文献资料：市场调查方法介绍
- 常见问题：教学常见问题／学生往往觉得市场调查资料的来源太少，不知如何下手

- 常见问题：教学常见问题／部分学生对到社会上实地调查有恐惧感

模块二 市场营销与定位策略

的价格与服务水平、经营策略和手段等，这样取得的一手资料更真实可靠。要注意调查行为不要被经营者发现。

试销或试营法，即对拿不准的业务，可以通过营业或产品试销，来了解顾客的反应和市场需求情况。

4．市场调查的应用

以下是一项关于北京市场男装品牌的市场调查。

① 品牌情况：

● 国外品牌数量高于国内。调研的17家商场中，男装品牌236个，其中国外品牌173个，整体市场覆盖率73%；而国内品牌只有63个，整体市场覆盖率仅为27%，不到国外品牌的1/2（表2-1）。

表2-1 国内外品牌数及整体市场覆盖率

国外	数量（个）	整体市场覆盖率	国内	数量（个）	整体市场覆盖率
意大利	91	38.6%	北京	19	8.1%
法国	41	17.4%	中国香港	12	5.1%
英国	21	8.9%	浙江	10	4.2%
美国	11	4.7%	上海	6	2.5%
德国	3	1.3%	广东	5	2.1%
日本	3	1.3%	福建	4	1.7%
韩国	1	0.4%	江苏	4	1.7%
西班牙	1	0.4%	中国台湾	1	0.43%
新加坡	1	0.43%	辽宁	1	0.4%
			山东	1	0.4%

● 单一品牌商场覆盖率差距较大。商场覆盖率在50%（含50%）以上的品牌数量仅为12个，只占了整体品牌数量的5%左右。这12个品牌中，国外品牌数量高于国内品牌，国内品牌仅有"金利来"和"观奇洋服"两个品牌（表2-2）。

表2-2 单一品牌商场覆盖率

品牌	商场覆盖率	进驻商场数（个）
皮尔卡丹	71%	12
金利来	71%	12
都彭	65%	11
尼诺里拉	65%	11
圣大保罗	65%	11
萨里奥托	59%	10
梦特娇	59%	10
罗茜奥	59%	10
观奇洋服	59%	10
歌德克依	53%	9
萨巴蒂尼	53%	9
金狐狸	53%	9

② 市场分析：

- 产品情况。消费者更加追求面料的功能性；商务休闲款式的产品比例加大；色彩明快、鲜亮。
- 价格分高、中、低三档。从17家商场的价格调查统计来看，北京市场商场品牌男装的整体价格分高、中、低三种档次。燕莎友谊商城、赛特购物中心等高档商场中，各类产品的平均标签价位在1 000~7 000元之间。翠微大厦、当代商城等中高档商场中，各类产品的平均标签价位在300~3 000元之间。城乡贸易中心等中档商场的产品平均标签价位在150~2 000元之间。
- 促销情况。打折、返券为主要促销手段。品牌男装终端广告以平面广告为主。

5. 市场调查的目的

市场调查就是寻找品牌间的差异性。现今的社会已不再是早期那种通过科技、生产就能改变消费者需要的时代。即使有真正的新产品上市，也会很快地被模仿，产品又趋于同质化，这使得非差异性下的竞争成为白热化的竞争。在这一背景下，竞争手段则沦为单纯的广告促销和价格战。巨大的广告成本投入使各方企业的利益降到最低点，市场的成长不再迅速，这是参与竞争的各方都不愿走下去的一步。因此，差异化是市场对竞争者提出的要求。广告研究者史提芬·金提出，管理者最好致力于产出"特别"的东西，使这个产品具有"特定族群"的附加值，若能拥有越多附加值就越能满足消费者的需要。

这个"特别"的东西，就是差异化产品；这个特定族群，就是细分的目标消费者，产生两者的共同原因就是差异化。那么，怎样"与众不同"？如何找准进入目标市场的切入点？

一是通过市场调查，发现已有的顾客需求，生产出相应的产品来满足需求（即需求决定论）；二是通过市场调查，创造出新的需求并开发出崭新的产品，来满足顾客需求（即创造决定论）。

差异化是我们创新品牌、推动商品进入充满竞争市场的切入点。只有产品具有鲜明的差异化特征，才能有竞争的加速空间。

度身订造是差异化的最高形式。产品生产针对每个群体甚至每个人的不同需求，量体裁衣、度身订造，就会使顾客的需求得到最大满足。度身订造的产品本身同竞争者产品没有太大的不同，但它注意不相同的需求细节，通过独特的差异化优势树立品牌形象。

同时，要有完整的差异化概念。供应商所提供的产品不仅仅是产品本身，而是"产品+包装+服务+网络+广告"等，是个综合体。产品差异化不仅是有形产品的差异，更在于无形方面的差异。例如，在不增加太多成本的情况下提供更周到、更贴切的服务，凸显产品差异。

因此，差异化是生产者向市场提供有独特利益，并取得竞争优势产品的过程及结果。

（1）为供给者或生产者带来利益

① 能有效地回避正面碰撞和竞争。

② 削弱购买者手上的权力，因为市场缺乏可比的选择。

- 演示文稿：针对细分市场的包装设计策略
- 常见问题：教学常见问题/学生不会分析调查结果
- 文献资料：调研分析方法介绍

③ 阻碍后来的竞争者，因为在差异化策略下，得到满足的顾客会相应产生品牌忠诚度（brand loyalty）。

（2）给消费者带来利益

竞争给消费者带来的利益非常明显。不断的竞争能使产品质量更好，价格更低。差异化给消费者所带来的利益更为明显，因为消费者的需求会得到更贴切的满足。

总之，通过市场调查，我们可以洞察到消费者潜在的消费需求，生产适合他们的产品，并采取差异化的销售策略，带来独特的利益和满足独特的消费需求。

例如，如今市面上充斥着各种各样的饮用水，令消费者眼花缭乱，不知做何选择。有一个品牌却以其独特的营销理念和经营方式，打开了一条与时尚紧密相连的路径，这就是法国的"依云"矿泉水。在与多位知名设计师合作中，该品牌使"活出年轻的内

图 2-2 "依云"矿泉水（1） 三宅一生设计

三宅一生设计的限量版矿泉水包装，瓶身上色彩艳丽的几何图案构成了一枝漂亮花朵，表现出"依云"所追求的"年轻的生活"（Live young）理念。

图 2-3 "依云"矿泉水（2） 保罗·史密斯（Paul Smith）设计

英国设计师保罗·史密斯则以其充满青春活力和幽默感的表达方式，同样展现出"依云"的天然纯净和年轻活力。瓶身上披着保罗·史密斯标志性的鲜艳彩色条纹，盘旋交错的同时，充分表现出年轻人的青春活力与乐观主义；鲜艳夺目的色彩配搭着洋溢着欢欣的节日气氛；配合着五种不同颜色的瓶盖，更彰显出灵活轻松的生活态度。

图 2-4 "依云"矿泉水（3） 高缇耶（Jean Paul Gaultier）设计
设计师还曾为自己设计的"依云"矿泉水瓶做广告。

图 2-5 "依云"矿泉水（4） 克里斯汀·拉克鲁瓦（Christian Lacroix）设计

涵，包括了机体感官和精神层面的追求，以活力、健康的姿态享受每一天"的理念得到了充分的体现（图2-2至图2-5）。

二、包装定位设计

1. 包装定位设计的意义

随着经济的发展，商品竞争越来越激烈，同类产品的品种和生产厂家也越来越多。为了适应这种竞争，在20世纪70年代初期出现了以包装定位为特点的包装设计思想，它以争取消费者为目的去改进包装设计，从而形成现代包装的主要特点。"定位设计"这个名词是近些年由国外引进的，英文为"Position Design"，position意即位置、方位，design为设计。因此，定位设计是指"目标明确的设计"，它主要解决设计的构思方法问题。如在商品的包装装潢设计中，可以强调特定的消费者，强调商品的自然性，也可以强调商品的成分，或突出商品的高质量，突出商品的东方或西方色彩及装饰风格等。总之，现代包装定位设计的基本思想是强调"把准确的商品信息传递给消费者，给他们一种与众不同的独特的商品印象"。因此，定位设计所要传递的信息分为三个基本因素：我是谁？卖什么？卖给谁？

2. 包装定位设计的技巧

（1）商标的定位

商标向消费者表明"我是谁"。无论是新产品，还是人们已熟知的商品，商标牌名的定位都是很重要的。在设计中要考虑到以下三个方面。

① 色彩。选定一种或几种颜色组合来表现公司形象，使消费者易认、易记。例如，"可口可乐"公司选定了红色作为企业的主色。随着市场的变化，消费者对于口味有了更多元化的要求，盛装可乐的容器也有了多种的呈现，但红色始终贯穿在每一款包装上（图2-6）。

② 图形。当图形与色彩结合在一起时，则更能发挥其视觉识别的作用。系列化商品包装上共同的标志图形，是整个商品家庭的象征，也是突出商标、牌号、厂家的有

图 2-6 "可口可乐"的红色已成为标志的一部分

效手段。在商标定位中，图形包括商标形象、辅助标志、系列标志、独特的包装容器等。台湾"旺旺"食品公司的系列产品，采用了可爱的"旺旺娃娃"图形作为包装中的辅助标志，更加突出了商标牌名。

③ 文字。文字形商标在包装中十分常见，但字体要经过设计。这种经过设计的字体是区别于其他品牌的又一手法，成为企业形象的代言（图2-7）。

（2）商品的定位

商品的定位在包装上标明"卖什么"，使消费者能迅速地识别商品的性质，以及特点、属性、用法与档次等。

在商品定位的设计中，一般可用插图和摄影两种具象手段来忠实地表现内容物，给消费者以真实可信的感觉。但在现代包装中，也大量运用抽象图形来传达商品信息，这要视具体的商品而定。

色彩具有象征的意义，因此运用色彩表达商品信息时要考虑到商品的使用者等各种因素。如男性化妆品包装多以黑色为主色调，再配以红色或白色等强调牌名，形成对比强烈而大方的设计风格，充分体现男性的阳刚之气；而女性化妆品则多以柔和、典雅的色彩搭配，使人感觉到女性的柔媚之美（图2-8）。

任何包装设计都必须出现文字，因此字体设计得如何直接关系到商品特性的表现。以食品的包装为例，品牌名的字体设计常常采用与商品形象吻合的圆滑、流畅的线形，充分体现出食品应有的柔软性，从而引起人们的食欲。当然图形的处理和排版的配合也很重要（图2-9）。

商品的定位设计可分为以下五个方面。

① 产品特色定位。如果有四个品牌的洗发水在功能、品质上基本一致，但A品牌

图2-7 "Lofoten"矿泉水 ST design公司设计

· 演示文稿：包装设计与市场定位策略

图2-8 陶瓷杯包装 Fabio Molinaro 设计

这款陶瓷茶杯的包装，通过粉红色与银灰色的弱对比，表现出喝茶时温柔、细腻的感性特征。

图2-9 小饼干包装 Ampro 工作室设计

图 2-10 针对不同产品定位的"潘婷"洗发水

图 2-11 食品包装 Sackett Design Associates 公司设计

将商品定位在"既营养，又去头屑，又柔顺"的综合功能上，其主要的商品特色并不突出。相反，B 品牌在定位上细化到"去头屑"，其可信度就会更高。这就好比同样的压力作用在较小的面积上压强更大一样。如此一来，长久地坚持这一诉求，为头屑而烦恼的顾客就会选择 B 品牌。同样，C 品牌如果专门定位在"营养、乌黑亮泽"上，就很容易获得"头发干枯、开叉、发黄，希望有一头健康亮泽秀发"的消费群体的青睐。而 D 品牌专门以"柔顺"为号召，也能让"希望洗后舒爽、头发柔顺、飘逸潇洒"的消费者坚持追随（图 2-10）。

② 根据商品的产地进行定位。通过逼真地描绘产地，可以更好地突出商品的产地属性，增强商品的特色。食品往往使用写实性的插图突出表现原产地田园牧歌式的亲切气氛，似乎已经让人嗅到了大自然的气息，使生活在都市里的人们有了回归的感觉，也使消费者食之放心（图 2-11）。

③ 根据商品的特点进行定位。有特点的商品才容易吸引消费者的眼球，才能够创造出一个独特的销售理由。例如果汁的包装，通常会通过鲜艳的色彩和果物的真实摄影来表现果汁新鲜的特点（图 2-12）。

④ 根据商品的用途进行定位。介绍商品时，我们可以从商品用途入手（图 2-13）。

⑤ 根据商品的档次进行定位。商品的包装往往根据商品的价格来考虑高、中、低档次的设计定位。在设计中可运用图片、标识、文字、色彩的不同表达，并配合材料、印刷制作手段来区分商品的档次。就日化产品来说，香水、化妆品等多为高档包装，

模块二 市场营销与定位策略

图 2-12 果汁　Andre Vianna 设计

图 2-13 洗衣粉包装　Johanna Karlsson 设计

本商品包装的设计者通过调查发现，消费者除了要求果汁新鲜以外，还希望果汁是家庭聚会的必需品，因此就有了爷爷的家、丰盛的餐桌等概念。包装盒的画面也被设计得像水果市场一样丰富，做好被消费者品尝的准备。

与常规强调高性能洗涤功能的洗衣粉不同，这款洗衣粉的包装着重表现商品的用途。画面再现了每天家中阳台的情境：包装盒正面是洗好的挂在晾衣绳上的衣物，而包装盒侧面则是脏的需要洗涤的衣物。设计者选择了一个看似平常的角度，却在色调和表现主题上与其他品牌的洗衣粉拉开了距离，创造出清新、靓丽、富有生活情趣的感觉。

而日常生活洗涤用品则多为中档或低档包装。

（3）消费者定位

商品"卖给谁"是现代包装设计十分注重的问题之一，忽视了这一点将不利于商品的推销。要让消费者通过包装感受到，这件商品是专为"我"或"我的家人、朋友"而设计生产的。

① 消费者类型区别定位。进行包装设计时，设计人员需要充分考虑消费者的性别、年龄等基本因素，同时还要考虑消费者的心理因素。1992 年，日本服装设计大师三宅一生设计了"一生之水"女用香水包装。简约、独特的锥形造型融入了泉水中的睡莲及东方花香的意境，充盈着空灵而清净的禅意；玻璃瓶配以磨砂银盖，顶端一粒银色的圆珠如珍珠般迸射出润泽的光环，高贵而永恒。这项设计一经推出，就在当年香水奥斯卡盛会上夺得女用香水最佳包装奖（图 2-14）。

② 地域性区别定位。美国诗人弗罗斯特曾说过："人的个性的一半是地域性。"这就是说，地域性对人个性的形成和塑造是至关重要的。南方人和北方人，如新疆的维吾尔人和云南的摩梭人，他们的个性往往有所不同；同样是南方人，四川人的性格与江浙人也有区别。不同的地域包含了不同的地理、习俗、人文、历史等，呈现出不同的风貌与魅力。

③ 生活方式区别定位。在现代市场条件下，消费者选购的商品与他们的生活方式密不可分。因此，企业根据自身的条件和营销意图对市场进行细分，可以准确有效地向消费群体提供具有优势的产品或服务（图 2-15）。

当然，作为一个好的包装设计，应该综合表现并灵活运用上述几个定位：可以是商标牌名定位与商品定位的结合，可以是消费者定位与商标定位的结合，也可以是消

图 2-14 香水包装　三宅一生设计　　　　图 2-15 橄榄油包装　Vasiliki Argyropoupou 设计

设计师针对国际化高端客户，通过精致的设计语言与货架上的同类产品做出区别，实现了"美感是购买的真实原因"的设计理念。

费者、商品、商标三者定位的结合。需要注意的是，包装的主要展示面有限，因此需要对这三个方面做出选择，而且这三者的视觉分量、比例关系也无须等同处理。同时，还可以充分利用包装的侧面和背面。消费者在选购商品时常常先看正面，但也不会忽视其他面，这样可以获得更多信息。

定位设计只能解决设计中的构思方法，而不能保证包装的艺术美感。如何利用艺术语言完善包装定位并有效地传递商品信息，还有待其他方面的努力。

三、包装定位与销售性功能

包装定位设计与包装三大功能中销售性功能的关系最为密切，因为在包装上需要表明"卖什么"，方便消费者迅速地识别出商品的性质、特点、属性、用法与档次。只有正确地标注出必需的销售信息，使消费者准确地选购需要的商品，才能实现包装的销售性功能。因此，设计时必须在包装上标明准确的产品名称、品牌名称、文字说明，并配以图案、符号、颜色等设计元素。这样，商品定位的构思方法和包装的销售性功能将得以同时实现。

1. 产品名称

产品名称能够清晰地告诉消费者其品类的差异。市场上出售的商品有的以使用功能来命名，如健脑补肾丸、润喉糖、洗衣机等；还有的以产品特征命名，如植物洁面皂、海鲜酱等。因此在产品命名的时候，要在相关法律法规允许的范围内尽可能地将产品的特点、特性融入产品名称中，以较容易地被消费者所认知和接受，从而降低市

模块二　市场营销与定位策略

图 2-16 "鲜又简"食品包装　P&W 公司设计　　　　　　　　　图 2-17 "统一"品牌的部分品类

"统一"品牌从方便面方面扩展到饮料方面时，就不必花费过多的宣传费用介绍产品，只需强调品牌便可赢得市场。

场推广成本（图 2-16）。

2．品牌名称

品牌名称可以准确地告诉消费者产品的所属企业。当认牌购买成为常态时，品牌就成为企业在市场竞争中的利器。而消费者在面对相同品质的商品时，也会首先选购自己熟悉和喜欢品牌的商品。因此，品牌名称需要在包装上占据主导位置，以利于消费者识别（图 2-17）。

在实际操作中是突出产品名还是突出品牌名，需要根据企业的市场营销策略决定。

3．文字说明

文字说明用于进一步解释产品名称和品牌名称，以方便消费者更好地了解产品特性和功能，如 OTC 类药品可直接将产品功效写在包装盒正面；而健康营养类食品、保健食品等，可根据产品特性将产品功效带来的有益结果写在包装上，还可以将产品的差异点或由差异点提炼的广告语列出。而更多的说明性文字往往放在包装盒的背面，用来详细叙述产品信息。

4．图案、符号、颜色等商品信息

符号是最容易被人记住的信息。在包装盒上使用醒目的图形、符号表明产品的特点，容易引起购买者的注意，增强包装的销售性功能（图 2-18）。

由此，在以两个面构成的包装袋和通常以六个面构成的包装盒上，需要清晰地将产品名称、品牌名称、文字说明，以及图案、符号、颜色等商品信息进行合理的组合，以使消费者能快捷地辨认出想要购买的产品。同时，这些视觉元素也需要按照主次顺

图 2-18 玩具系列包装　Gurtlerbachann Werbung Hamburg 公司设计

图中的"Gortz"品牌玩具实际上是用来穿着的袜子。设计者的创作意图不仅是为了设计出吸引眼球的儿童袜包装,也是在寻找使孩子们兴奋的元素,以提升产品的销量。消费者可以在说明书的指引下,使用纽扣、针线等制作出非常可爱的袜子布偶,让儿童们在创造中感受到动手劳作的快乐。外包装盒上醒目的动物图形,利用了幽默、诙谐、睿智、性感而多变的手影,不但通俗有趣,而且把产品的品质、类别很好地描述出来,甚至还给每个袜子布偶都取了名字,更增加了孩子们的认同感。

- 习题作业:学生作业——"PCL玩味"调研分析(一)至(三)

- 教学录像:针对细分市场的包装设计策略
- 演示文稿:针对细分市场的包装设计策略

序,有条理地分配在不同的展示面上,使主要的商品信息能够在第一时间被看到。但在考虑主展示面的同时,还要考虑到它与其他展示面的关系,并通过文字、图形和色彩之间的关联、重复、呼应和分割等手法,产生构图的整体感,从而形成一个完整的包装形象。设计时,可以以文字、摄影、插图和图案等跨面的排列组合方式,把几个面串联为一个主体,形成更大的、连续的画面(图 2-19)。

综上所述,包装是产品与消费者直接接触的外在表现形式,它除了要保护商品免受各种因素的损坏、起到应有的便利性功能外,还应将销售性功能考虑在内,同时在构思方法上兼顾商品定位的特点,以更好地成为市场销售的重要利器。

因此,在同质化的市场中,与竞争对手截然不同的产品包装能体现出产品个性,吸引消费者购买,将产品特色全部传达给消费者,满足消费者的心理需求,同时提高产品的附加值和商业价值。另外,包装设计更科学、更合理,也会让商家节省制作成本。

四、消费者洞察

商品的极大丰富,使人们不再满足于一般的生理需求,而更多地要求产品的内在品质和文化内涵,以及个性化品位。根据著名的"杜邦定律",63% 的消费者是依据对外

模块二　市场营销与定位策略

图 2-19 "Valio" 乳制品 SEK Design 公司设计

"Valio" 香草系列来自芬兰最大的乳制品公司。设计以"不忘宠爱自己"为宣传理念，强调品牌及可口、润滑和娇宠的产品特性。

包装的认可而确定购买行为的。因此，如何准确洞察消费者的心理需求及变化，设计出符合消费者需求的包装，已成为一个必要且具有实际价值的挑战。

消费者市场由那些为满足生活消费需要而购买商品的个人和家庭所组成。消费者的购买行为，指的是消费者在整个购买过程中所进行的一系列有意识的活动。这一购买过程从引起需要开始，经过形成购买动机、评价选择、决定购买，到购买后的评价行为结束。

通常，消费者表现出来的购买行为总有其背后的原因：一部分原因是他们知道并愿意说的；有一部分原因是他们不愿意说的；还有一部分原因就连他们自己也没有意识到。这些原因在驱动他们的行为。而这些消费者说不出来的那部分因素就是"消费者洞察"。消费者洞察的作用是要发现消费者真实的需求和偏好，发现新的市场机会，找到新的战略战术，从而更好地提高包装设计在营销中的成效。

洞察活动一定是围绕着目标消费者来进行的。为了更好地进行消费者洞察工作，我们要在已定的细分市场中将目标消费者做群体分类及购买角色的分类，并了解目标消费者购买决策行为的类型，以及购买决策过程的五个阶段，同时还要慎重对待购买行为中的人文因素（图 2-20）。

图 2-20 "可口可乐" 2009 夏季活动包装　Turner Duckworth 公司设计

图 2-20 为"可口可乐"2009 夏季活动包装。为了庆祝夏季的到来，也为了使最受消费者尤其是年轻消费群体喜欢的饮料——"可口可乐"与夏季、与消费群有更亲密的接触，公司从消费者洞察的角度，由 Turner Duckworth 设计了易拉罐图形。这些图形被用在包装、店内展示以及宣传片中，以更好地配合 2009 年夏季促销活动。图形选用了与夏季有直接关联的物品形象，如烧烤炉、太阳镜、热气球、冲浪板等夏季旅游、休闲用具。此款包装获"2010 the dieline"包装设计大奖一等奖。

1．目标消费群分类

将品类消费程度和品牌消费程度用纵横两条坐标来划分的话，可以将目标消费群分为四大类：核心消费群、潜在消费群、特殊消费群和游离消费群。

（1）核心消费群

核心消费群即品牌支持者，是品牌得以维护的基石。正因为有了核心消费群，企业与品牌才有了生命，才有了熠熠生辉的光泽。他们的消费动机和行为将直接影响到产品的营销。

（2）潜在消费群

潜在消费群是指当前尚未购买或使用某种商品，但在将来的某一时间有可能转变为现实消费者的人。企业应该特别重视这类消费者，因为他们是企业开拓新市场、在竞争中保持并提高市场占有率的潜在力量。

潜在消费群有以下几种类型。

① 价格敏感型消费人群：该消费群的特征是对产品的价格格外敏感，往往能够吸引他们眼球的第一要素就是产品的价格。

② 凑热闹型消费人群：该部分消费人群往往喜欢从众，一旦有大量消费者关注某一类商品时，他们便会对该商品产生极大的兴趣。

③ 新奇型消费人群：该消费人群往往是时尚的追逐者，喜欢新奇的事物，敢于尝试新产品。他们往往是新产品的最初接受者。

④ 实用型消费者：该消费人群比较理性，往往喜欢追求高性价比，喜欢货比三家。

⑤ 品牌至上消费群：该消费群体往往更看重产品的质量和品牌之间的关系。在他

们看来，品牌便意味着高质量、优越身份和成功。

⑥ 理性消费人群：该消费人群往往较专业，在选择商品时通常会根据自己的专业经验来进行理性的判断。

（3）特殊消费群

特殊消费群由一些有特别需求的人组成。他们或是由于年龄上的不同，如大学生消费人群、老年消费人群；或是由于工作性质的差异，如商务型消费人群；或是由于生活状态的改变，如情侣消费人群、母婴消费人群等。

消费需求日趋多样化、差异化，由大众消费时代进入分众时代。企业若能在深入、科学的市场调查基础上，发展出多个品牌，并且每个品牌都针对某一细分群体（分众）进行产品设计、价格定位、分销规划和广告活动，那么各品牌的个性和产品利益点便能充分地考虑到消费者的特殊需要，获取这一群体的信赖和品牌忠诚。这比泛泛地面向大众消费群、没有特色的品牌更有竞争力。

（4）游离消费群

游离消费群是偶尔或随意购买企业的产品和服务，但也偶尔购买其他企业产品和服务的顾客，他们是企业游离不定的顾客群。本不打算购买结果却买了，本打算少量购买结果却多买了，本计划买其他品牌结果却买了本品牌，这类顾客的购买决策都是在销售现场完成的，受到商品、店内陈列、POP 广告、人员推广等因素的影响。其中店内氛围营造是争夺边缘顾客的有力武器（图 2-21）。

2．目标消费者的购买角色分类

我们研究这种分类的主要目的在于，要精确找到对销售起到关键作用的角色，重点洞察此角色的消费动机、行为及其背后的各种因素。目标消费者的购买角色一般分为以下五类。

① "发起者"，是指最先建议或想到购买某种产品或服务的人。

② "影响者"，是指所提出的观点或劝告对最终购买决定有相当影响的人。

③ "决策者"，是指在部分或整个购买决策（包括是否购买、购买什么、如何购买、何时购买、何处购买等）中有权做出决定的人。

图 2-21 Blossa 年度版热葡萄酒包装　BVD 设计

2009 年是 BVD 第七次为 Blossa 公司设计年度版热葡萄酒包装。2009 年该公司推出的是克莱门氏小柑橘口味葡萄酒。明丽的橙黄色酒瓶，充满浓浓的圣诞节气氛。酒瓶上的装饰性数字 0 和 9 合成了一个新图像——既像圣诞饼干上的奶油冰激凌，又好似溜冰鞋刀片在冰面上划出的痕迹。年度版的热葡萄酒已形成强烈的营销气场，人们越来越期待下一年度的新品。在 Blossa 公司网站举办的"我的最爱"投票活动中，Blossa05、Blossa06 和 Blossa08 成为瑞典民众最喜爱的产品。公司将这三款热葡萄酒组合成礼盒包装推出市场，以满足市民的购买需求。（资料来源于《Gallery 全球最佳图形设计》第 5 期）

④"购买者",是指实际购买商品的人。

⑤"使用者",是指消费或使用该产品或服务的人。

有些产品的消费者、决策者、购买者和使用者可能都是一个人,三个角色高度统一,如口香糖;而对某些产品来说却又是高度分离,如婴儿奶粉。

3．目标消费者购买决策行为的类型

（1）例行反应行为

例行反应行为是最简单的购买行为,即购买价格低且经常买的商品。购买者熟知产品性能及主要的品牌,并且对于各品牌之间已有非常明显的偏好,属于低度介入品。

（2）有限度解决问题行为

有限度解决问题行为是指,当购买者对产品很熟悉,但对品牌不太熟悉时,购买行为就会变得复杂一些。因此,在设计中应清晰传达出产品信息,以便增进消费者对品牌的认识和信心,降低对购买风险的担心。

（3）广泛解决问题行为

当需要购买既不熟悉、又不常买且价格昂贵的商品时,购买者面临的购买决策就更为复杂。此时,必须了解潜在消费者如何收集和评估信息,了解他们的购买标准,并说服消费者相信该品牌在各种属性方面都优于竞争对手（图2-22）。

4．购买决策过程的五个阶段

（1）确认问题

当购买者确认问题或觉得有某种需要时,其购买过程就开始了。这种需要有因个人的生理需要而产生的,如饥饿、口渴等内在刺激;也有因看到某些产品或广告而产生的,如流行趋势;也可能是内外两方面因素共同作用的结果。因此,营销者应不失时机地采取适当措施,唤起和强化消费者的需要。此时,我们需要了解引发消费者需要或问题的种类、原因,做出相应举措来诱导消费者购买产品。

（2）收集信息

产品信息可从家庭成员、朋友、邻居和熟人等私人关系中获取必要的信息,也可从广告、经销商、推销员、商品陈列等商业性方面获得,还可从大众传播媒体、消费

图2-22 "Bellatazza"外卖咖啡杯 Buzzsaw Studios公司设计

大多数外卖咖啡杯都只印有品牌标志,但Buzzsaw Studios却会每三个月为Bellatazza外卖咖啡杯换上一款新的图案。喜欢Bellatazza的老主顾们着迷于这种外卖咖啡杯,而这种品牌经营模式也为Bellatazza带来比传统广告和其他营销方式更多的效益。

者评鉴机构等官方组织获得，更可以从操作、检验、使用产品的个人经验中获得。

（3）评价可行方案

消费者得到的信息可能是重复的，甚至是互相矛盾的，因此还要进行分析、评估和选择，这是决策过程中的决定性环节。在消费者的评估选择过程中，有以下几点值得营销者注意：

① 产品性能是购买者考虑的首要问题，即产品能够满足消费者的需要。

② 不同消费者对产品的性能给予的重视程度不同，或评估标准不同。

③ 多数消费者的评选过程是将实际产品同自己理想中的产品做比较。

（4）决定购买

消费者对商品信息进行比较和评选后会形成购买意图。然而，从购买意图到决定购买之间，还会受到两个因素的影响：一是他人的态度，反对态度愈强烈，或持反对态度者与购买者关系愈密切，修改购买意图的可能性就愈大；二是意外的情况，如果发生了意外，如失业、意外急需、涨价等，则很可能导致消费者改变购买意图。

（5）购后行为

购后行为包括购买后的满意程度和购买后的活动。消费者购后的满意程度取决于消费者对产品的预期性能与产品实际性能之间的对比。购买后的满意程度决定了消费者的购后活动，决定了消费者是否重复购买该产品，决定了消费者对该品牌的态度，并且还会影响到其他消费者，形成连锁效应。

5．购买行为中社会因素的影响

从表面上看，市场营销策略的应用与组合是一种经济行为，但从深层次剖析则是社会因素的结果。因为构成市场主体的是人，这就决定了企业营销活动必须围绕着社会因素的影响而制定营销策略。

社会因素包括历史因素和人文因素两大类。历史因素中有时代因素、民族因素、地域因素，这些因素比较稳定，不会经常变化。人文因素包括人的习俗性格、宗教信仰、文化素养、审美观念等，是社会因素中最活跃的，也是经常变化的因素。

例如，风俗习惯对酒类产品具有很大影响。酒在中国社会生活中是必不可少的，尤其是重大节庆日都有相应的饮酒活动，如汉族端午节的"菖蒲酒"、重阳节的"菊花酒"、除夕夜的"年酒"等，朝鲜族的"岁酒"，哈尼族的"新谷酒"，达斡尔族与结婚有关的"接风酒""出门酒""会亲酒""回门酒"等。

> 绍兴著名的"女儿红"黄酒就是一个非常有故事的商品。"女儿红"又名"女儿酒"，其实与"花雕"酒、"状元红"都是同一种酒，只是因饮用的情境不同而有了不同的名称。"女儿酒"是生了女孩的那户人家，在满月当天选酒数坛，请人刻字彩绘以兆吉祥（酒坛上通常会雕上各种花卉图案、人物鸟兽或山水亭榭等），然后泥封窖藏，待女儿长大出嫁时，再从窖藏中取出陈酒，请画匠在坛身上画出"八仙过海""龙凤呈祥""嫦娥奔月"等图案，并配以吉祥如意、花好月圆等祝福词语，以该酒款待贺客。后来生养了男孩子的也依照着酿酒、埋酒的程序，期盼儿子中状元时再饮酒庆贺，这种酒又叫"状元红"。若女儿未至成年便夭折，窖藏的酒就被叫作"花凋"酒了，也因酒坛上的雕刻而称为"花雕"酒。

晋代上虞人嵇含的《南方草木状》中记载:"女儿酒为旧时富家生女、嫁女必备之物。"

再如宗教信仰的影响。1997年统计显示,我国的宗教人士约为1亿;至2008年,数据表明仅基督教人士的数量就已经超过1亿。宗教存在于现实的社会,所以宗教也受社会变化的影响,受经济发展的影响,宗教也需要消费,需要使用现代化的商品。并且,宗教群体是一个具有一定购买能力的庞大群体。

宗教对人们消费行为的影响是多层次、多角度的。这既与宗教的教义、礼仪、禁戒等具体内容有关,也与信徒的文化背景、生活环境、虔诚程度、信仰侧重及各自不同的理解等有直接的关系。所以在不同宗教和不同的信徒中,这种影响会以不同的方式、程度表现出来。

总而言之,基于消费者洞察的包装设计更符合消费者需求,更具市场潜力和竞争力。为消费者建立一个人性化、秩序化、健康化的商品包装环境是我们共同的目标。所以,消费者洞察的真谛在于,拨开一切表面现象,从人性的乱麻中理出头绪,找到驱动目标消费者尝试或重复购买的那条"金线"(图2-23)。

图2-23 "Estrella Levante"酒包装 Espluga+Associates 设计

酒瓶上独有的涂鸦风格图形,吸引着酒吧和夜店里的年轻人,设计理念"夜晚=多元"准确抓住了目标消费群的需求。

2-3 拓展与提高

一、整合营销传播

包装设计作为品牌的终端体现，不仅仅要完成商品包装应有的功能要求，实现产品的销售，同时作为现代营销环节中重要的部分，还需要与品牌运作中的相关要素进行整合设计，成为塑造品牌的关键。只有掌握一定的整合设计原则，才能做出有效的品牌设计。缺乏整合的概念，品牌将一片凌乱，无法达到宣传效果。

1. 整合营销传播的概念

整合营销传播简称 IMC（Integrated Marketing Communications），它的核心思想是以整合企业内外部所有资源为手段，再造企业的生产行为与市场行为，充分调动一切积极因素以实现企业统一的传播目标。这一观点是 20 世纪 80 年代中期由美国营销大师唐·舒尔茨提出和发展的。

整合营销传播理论是一种实战性极强的操作性理论。自 20 世纪 90 年代中期整合营销传播理论进入我国以来，已经显示出强大的生命力。它的内涵有两点，一是以消费者为核心，从双向沟通意义上重组企业行为和市场行为；二是把企业一切营销和传播活动，如广告、促销、公关、新闻、包装、产品开发等，进行一元化的整合重组，以增强品牌诉求的完整性。

2. 整合营销传播的有效性

整合营销传播从广告心理学入手，强调与顾客进行多方面的接触。小至产品的包装色彩，大至公司的新闻发布会，每一次的接触点都向消费者传播一致而清晰的企业形象，以此迅速树立产品品牌在消费者心目中的地位，建立产品与消费者长期而密切的关系，从而更有效地达到营销目的。

包装设计作为营销环节中的关键一环，注定与商业行为发生关联，并需要与所有的营销环节相配合。因为为产品设计美丽的外包装并不是终极目的，将商品销售出去才是包装设计的最终宿愿——经设计传达出明确的商品概念，吸引消费群体，并产生预期购买行为。整合营销传播的概念正好提供了实现这种可能的有效途径。舒尔茨教授告诉我们：把产品先搁到一边，赶紧研究消费者的需求与欲求，不要再卖你所能制造的产品，而是要卖某人确定想购买的产品。因此，一个包装设计就是一次与消费者心灵的沟通，让消费者产生购买欲望。

3. 我们熟悉的案例

（1）"白加黑"感冒药

"白天服白片不瞌睡，晚上服黑片睡得香"，这是我们非常熟悉的"白加黑"感冒

- 教学录像：市场营销的概念与包装设计
- 演示文稿：市场营销的概念与包装设计/什么是市场营销

- 名词术语：市场营销概念解析
- 常见问题：教学常见问题/营销的核心是什么
- 人物：人物介绍——菲利普·拜特勒
- 学习手册：学习手册/市场营销与定位策略

药的广告语。"白加黑"的整体营销战略非常独到，强调白天服白片、晚上服黑片的营销卖点，在众多同质化感冒药中脱颖而出。而产品的包装装潢设计是这一理念的强化与延伸。整个药盒的正面左右对称平分，左边是白色，画着一个小太阳，右边是灰色，挂着一个弯月亮，清晰地展现出"白"加"黑"的产品特点，强化了产品的功效。同时，包装盒上粗大有力的"白加黑"三个黑体字也传递出强大的效能。这种信息传达也在广告中得到极大的呼应，增加了消费者对产品的记忆度（图2-24）。

（2）"立顿"茶

"立顿"用明亮的黄色向世界传递它的宗旨——光明、活力和自然美好的乐趣。一百多年来，"立顿"始终保持着历代相传的优良品质，既代表茶叶专家向消费者传递"茶是健康的自然护卫者"的定位，又象征着一种国际的、时尚的、都市化的生活态度。作为时尚生活的引领者，"立顿"更多的是培养一种消费习惯和生活方式，将光明、活力和自然美好的乐趣通过产品营销的整个过程传达出来，成为更多热爱生活、追求健康的人的最佳选择（图2-25）。

"立顿"品牌在包装上充满光明、活力的人文关怀色彩，及放在画面上方正中的红色经典标志，都同样传达出了"立顿"的产品理念。而"立顿"官方网站的视觉形象设计也同样延续了这种理念（图2-26）。

（3）"绝对"伏特加酒

"绝对"（Absolut）伏特加自1979年推出以后，已成为世界十大名酒之一，并在众多高档奢侈品牌中，凭借自己品牌的魅力吸引着众多年轻且忠实的追随者。

图2-24 "白加黑"感冒药包装（图片来自：企业网站）

图2-25 "立顿"茶包装　Design Bridge 公司设计

图2-26 "立顿"官方网站的截屏

图 2-27 "绝对"（Absolut）伏特加酒包装　沈卓娅拍摄

　　"绝对"伏特加的产地不在盛产佳酿伏特加的俄罗斯，而是在瑞典。瓶子的造型像药瓶似的平庸，但正是短颈圆肩的水晶酒瓶，加上独创性的"绝对伏特加酒"彩色粗体字，使消费者通过完全透明的酒瓶，感触到纯正、净爽、自信的绝对伏特加酒。这种个性化包装被贯之以"艺术品"的称号，欣赏性强。而"绝对完美"的广告语将这款包装设计的艺术美感推向高峰（图 2-27）。

　　1980 年，安迪·沃霍尔创作了一幅只有黑色"绝对"伏特加酒瓶和"Absolut Vodka"字样的油画作品。以此为契机，"绝对"伏特加的传播切入点就定位为艺术家、影星、富豪、社会名流，从而加快了绝对伏特加品牌的时尚化、个性化、价值化传播进程。很快，"绝对"伏特加酒通过极具个性化的传播创意和传播手段，清晰地表现出时尚、尊贵的品牌个性与定位。

　　"绝对"伏特加的广告被认为是最经典、最成功的广告案例之一，经典系列包括"绝对城市""绝对季节""绝对艺术""绝对话题"等。通过广告，"绝对"伏特加带给消费者自信、高雅的感觉，并在整合营销中使"绝对"伏特加品牌本身超越了酒的概念，成为文化、个性和品位的象征（图 2-28、图 2-29）。

　　"绝对"伏特加酒的经验给每个新进入制酒行业的品牌带来了巨大的影响：一定采用截然不同的酒瓶和包装及完整的营销策略来表明"品质卓越"的特质。这种以产品包装造型为竞争特点的情况，在国内酒业如"茅台""五粮液""古井贡酒"等品牌的发展竞争中已成为一种定式。

图 2-28 "绝对"曼哈顿、"绝对"曼谷伏特加酒广告　Absolut 公司设计

图 2-29 "绝对"巅峰、"绝对"雅典伏特加酒广告　Absolut 公司设计

二、品牌策划与管理

　　从广义上讲，品牌是产品或服务的牌子。除了代工产品，任何一个产品一定会有牌子，但并不是每一个牌子都会变成品牌。当一个牌子成为品牌的时候，就意味着它

·教学案例：市场调查与品牌分析1~3

在消费者心目中具有了一定的知名度、美誉度和忠诚度，也逐渐凝练出一个品牌的灵魂——品牌的核心价值。品牌的核心价值是品牌资产的主体部分，它让消费者明确且清晰地识别和记住品牌的利益点与个性，是驱动消费者认同、喜欢乃至爱上该品牌的主要力量。

因此，品牌需要系统的规划，以挖掘核心概念，提出核心价值，然后紧紧围绕这一点进行营销策划和品牌管理，这样才能让品牌得到有效传播。并不是简单地给品牌起个名字、设计个包装或想一句广告语就可以的。

品牌的策划是在品牌起步阶段或尚未成熟时要做的事情。品牌策划并不是无中生有的过程，它通过对竞争对手的差异化心理描述来引导目标群体的选择，通过对品牌的清晰化诠释来建立品牌的专有语境。

而品牌的管理工作则从品牌起步开始便一直持续着，因为任何一个企业老板都希望持有的品牌永远经营下去。品牌管理是以企业战略为指引，以品牌资产为核心，围绕企业创建、维护和发展品牌主线，综合运用各种资源和手段，以达到增加品牌资产、打造强势品牌的一系列管理活动的总称。品牌管理的终极目的就是把消费者对品牌的认知转化或净化为认同。因为认知只是知道而已，而认同却是情感上的信赖和忠诚。因此，品牌管理具有系统性、整合性、持久性、科学性的特征。

下面，通过设计工作中常用的策划理论及案例，来进一步理解和学习品牌策划与管理对包装装潢设计的重要意义。

1. CIS 理论系统

CIS（Corporate Identity System）是指"企业识别的统一化系统"。CIS 理论把企业形象作为一个整体进行建设和发展，是一种现代企业经营战略，它经历了从企业识别 CI（Corporate Identity）到 CIS 的演进过程。自1970年可口可乐公司导入 CIS，成功改造了世界各地的"可口可乐"标志以后，世界各地的企业便掀起了实践 CIS 理论的热潮。改革开放以来，随着市场经济的发展，国内的许多企业也渐渐重视并导入 CIS，如"太阳神"集团、"三九"集团、"健力宝""李宁"运动用品等公司。近年来，随着商业市场的整合、营销策划管理理念的引进，我国出现了许多 CIS 策划、设计等专业公司，为企业导入 CIS、提高竞争力做出了贡献。

案例一："90后李宁"新标志的启用。为了配合全球市场的拓展，李宁体育用品有限公司仍然坚持一贯的 CIS 理论系统对品牌管理的理念，携手美国 Ziba Design 及"靳与刘"设计公司，合力打造出"李宁"品牌的新形象，并于2010年第三季对沿用了19年的"火红狐狸尾巴"标识进行全面更换。这是企业形象的一次整体转移，是一个更年轻、更时尚、更国际的品牌形象重塑。

按照公司的说法，新标志以"更具有国际观感的设计语言"对原标识的经典元素进行了现代化表达，不但传承了原标识经典的视觉资产，还抽象了李宁原创的"李宁交叉"动作，以"人"字形来诠释运动价值观，鼓励每个人通过运动表达自我、实现自我。"新的标识线条更利落，廓形更硬朗，更富动感和力量感。"同时新品牌口号"Make The Change"（让改变发生）取代了原有口号"一切皆有可能"，体现了从"敢想"到"敢为"的进化，鼓励每个人敢于求变、勇于突破。

模块二 市场营销与定位策略

通过 CIS 的管理，"李宁"公司改变视觉识别形象和市场营销策略，走向国际化，还从品牌定位和产品设计的改变开始，努力寻找与耐克和阿迪达斯的"专业运动"、KAPPA 的"时尚运动"不同的品牌特质，以更好地吸引年轻人的关注，尤其是 14～26 岁这个目标消费群体（图 2-30）。

图 2-30 李宁"90 后"新标志

案例二："可口可乐"中文字体更改。2003 年，"可口可乐"中国公司曾投入 1 000 万元，完成了自 1979 年重返中国市场以来的中文标志的首次改变。主持中文标志改变的是香港著名广告设计师陈幼坚。他用弯曲流畅的斯宾塞中文字体取代了传统的中文字体，使其与英文字体和商标的整体风格更协调。这次在中国实施的标志变更，也是基于当年在美国率先发起的包括更换标志在内的又一轮全球市场计划中的一环。

事实上，"可口可乐"公司几乎每过几年就会在全球对标志进行一些修改和更新，以适应不断变化着的市场口味。这是与时俱进的品牌策略的表现。对于此次推出的"可口可乐"新标志，企业高管曾说过："我们改变的不仅是标志，也是我们与消费者的一种新的沟通方式。"这种新的沟通方式对应了现代年轻人崇尚自信、敏锐、乐观的生活态度，以及对任何事情都有自己独立的思考和批判标准的价值观。

"可口可乐"公司坚持将 CIS 理论系统中的 VI（视觉识别）设计进行到底，将国际化与本土化融入品牌的策划和管理中。品牌想要让消费者过目不忘，就必须拥有特殊的内涵和气质，这就是"可口可乐"品牌国际化的内涵，这种内涵是不能随便改变的。而"可口可乐"在中国的个性则是可以发挥的。在包装上，"可口可乐"会根据中国的本土特点进行有针对性的设计，如 2003 年在产品包装上对中文字体进行的修改，针对传统春节而设计的阿福促销包装等。"可口可乐"带给消费者的意义，已经超越了一瓶汽水那么简单的物质定义，它包含有品牌和文化的价值（图 2-31）。

图 2-31 印有中文字体的"可口可乐"饮料罐

2．定位理论

定位理论由美国著名营销专家阿尔·里斯（Al Ries）与杰克·特劳特（Jack Trout）于 20 世纪 70 年代早期提出。它的核心概念是以打造品牌为中心，以竞争导向和进入顾客心智为基本点，本质是建立目标顾客的差异化和顾客价值的差异化。

定位（Positioning）的基本原则不是创造某种新奇的、与众不同的东西，而是去操纵人们心中原本的想法，打开联想之结，令企业和产品与众不同，形成核心竞争力。对受众而言，定位就是让品牌在消费者的心中占据最有利的位置，使品牌成为某个类别或某种特性的代表。这样，当消费者产生相关需求时，便会将定位品牌作为首选。

品牌定位的主要方法有产品利益定位、竞争者定位、消费群体定位、质量和价格定位、文化定位、情景定位等。不同时期的定位策略也是有选择的，如导入期时使用"占位策略"，成长期时使用"跟随策略"，成熟期时使用"扩散策略"，衰退期时使用"重定位策略"。

案例：红罐"王老吉"凉茶

凉茶是广东、广西地区一种由中草药熬制、具有清热祛湿等功效的"药茶"。

"王老吉"凉茶发明于清道光年间，至今已有170多年的历史，被公认为凉茶始祖。在2002年年底的品牌重新定位中，困扰企业的核心问题是：红罐"王老吉"当"凉茶"卖，还是当"饮料"卖？

按中国传统的"良药苦口"观念，红罐"王老吉"凉茶的口感偏甜，又不具备药的特性，"降火"效力不足，需要时还不如到凉茶铺购买，或自家煎煮来得及时。这些认知和购买行为均表明，消费者对红罐"王老吉"并无"治疗"要求，而是作为一种功能饮料购买。所以，购买红罐"王老吉"的真实动机是用于"预防上火"，如希望在品尝烧烤时减少上火情况发生等。

做凉茶不易，做饮料也同样危机四伏。放眼整个中国饮料行业，以"可口可乐""百事可乐"为代表的碳酸饮料，以"康师傅""统一"为代表的茶饮料和果汁饮料，都是处在难以撼动的市场领先地位。再进一步的调查研究发现，红罐"王老吉"的直接竞争对手，如菊花茶、清凉茶等由于缺乏品牌推广，仅是以低价来渗透市场，而且并未占据"预防上火的饮料"的细分市场；而碳酸饮料、茶饮料、果汁饮料、水等，也明显不具备"清热祛火"的功能，是间接的竞争对手。

品牌定位的制定就建立在满足消费者需求的基础上，通过消费者洞察，直击消费者的潜在需求，提出与竞争者不同的主张。广告中大张旗鼓的直观诉求"怕上火，喝王老吉"及时而迅速地拉动了销售。品牌推广的进行使消费者认知不断加强，品牌逐渐建立起独特而长期的销售地位。成功的品牌定位和传播，给这个有170多年历史、带有浓厚岭南特色的产品带来了巨大的效益：红罐"王老吉"的产品销售额由2002年的1亿多元增长到2008年的100亿元（图2-32）。

图2-32 "王老吉"凉茶

3. 品牌形象论

品牌形象论（Brand Image）是广告创意策略理论中的一个重要流派，由大卫·奥格威（David Ogilvy）在20世纪60年代中期提出。在这一策略理论影响下，出现了大量优秀的、成功的广告案例。奥格威认为，品牌形象不是产品固有的，而是消费者联系产品的质量、价格、历史等产生的心理和视觉认知。品牌形象论认为，每一则广告都应是对整个品牌的长期投资，因此每一品牌、每一产品都应发展和投射出一个固定形象。形象经由各种不同的推广技术，特别是广告，传达给消费者及潜在消费者。消费者购买的不只是产品，还购买了承诺的物质和心理的利益。例如，"万宝路"（Marlboro）香烟自20世纪50年代中期开始和粗犷豪迈的美国西部视觉语境相结合："牛仔""骏马""草原"的形象组合成为品牌的代言。还有美国的快餐品牌"麦当劳"和"肯德基"，也分别以"麦当劳叔叔"和"肯德基上校"的形象来体现品牌特点。

案例："真功夫"全球华人餐饮连锁。

中国餐饮市场在"麦当劳"和"肯德基"等洋快餐的挤压下，还存在各种中式快餐的激烈竞争，如上海"新亚大包""马兰拉面"、深圳"面点王"、江苏"大娘水饺"、"东方饺子王"、广西"桂林人"、广州"大西豪"等餐饮连锁。

都市里的大多数人对环境状况、对自己的饮食结构和健康状况没有信心，所以都市居民的饮食观趋向于"绿色、天然、健康"。简而言之，大众需要"有益健康的食物"。

图 2-33 真功夫餐饮连锁店面的企业形象

"蒸"在岭南的饮食文化中，等同于"原汁原味原形、不上火"。"蒸"字是该企业营销中的一大创意，即"蒸"等于"营养"。于是，"蒸的营养专家""它对我的健康有益"等广告语应运而生，这便是对核心产品利益的承诺，下了"真功夫"——自然、营养、美味。

接下来，"真功夫"需要找到一个能充分体现"功夫文化"的形象载体。这个形象必须是一个身怀绝技的英雄："他"是一个美食家，以蒸功夫享誉全球；"他"是全球华人的偶像；"他"是天人合一、健康美学的倡导者。于是一个酷似李小龙的英雄形象就这样诞生了（图 2-33）。

品牌是建立在产品和服务基础上的，以消费者为中心，产品策划为对象，以媒介宣传为推手，建立高素质的营销团队，开展公共推广活动并强化服务至上的意识。任何一个成功的品牌背后都有强大的产品和优质的服务，它们不仅代表了一种品质，也代表了一种文化和价值。因而，进行品牌策划和品牌管理、创建知名品牌是中国企业的不懈追求和战略任务。

4. 系列包装设计是品牌战略的需求

对于一个国家而言，品牌是综合经济实力的象征；对于一个企业而言，品牌是一种市场竞争的利器。在消费者认牌购买已是不争事实的当下，企业必须认真地思考如何塑造良好的品牌形象，以此提高品牌的市场竞争力。正如莱文斯摩波利伦敦咨询公司的创立者 M. 莱文斯指出的那样："包装是品牌核心资产的物质化身……包装具有品牌所有的要素，它是品牌的本体。"

针对不同的市场环境，结合市场营销理念，制定系列化包装设计策略，是企业实施名牌战略的正确方法，是品牌传播的基础和依据，是引导企业实施名牌战略的立足点和出发点。因此，系列包装设计承担着更多的产品促销重任。系列包装是以系列化产品做支撑的，这需要生产企业在产品开发时就要考虑到产品的系列化问题。美国是世界第一品牌大国，许多成功的品牌案例在很大程度上应归功于系列产品的开发、营销及包装等品牌战略的制定。在品牌系列化战略的制定和执行中有三个递进的层次关系（图2-34）。

（1）品牌设计与发布

在品牌形象确定的前提下，对品牌进行系列化包装设计，并通过有效的宣传渠道向消费者发布。品牌设计与发布不仅包括品牌形象和正确的CIS战略，还包括产品、服务、包装形式等信息系统的整体发布。

（2）品牌推广与传播

品牌形象需要通过商品的包装设计，借用各种室内外的系列广告、新闻媒体、商业公关及针对节日庆典的产品促销活动等各种方式进行推广与传播，以最大限度地产生品牌传播效益。

（3）品牌管理与巩固

品牌管理与巩固是品牌策略的核心内容，它通过系列化包装设计的有效管理，加强顾客对品牌的记忆、理解、认同和忠诚，从而解除消费者对新产品的不信任感，巩固并提升品牌价值（图2-35）。

因此，系列包装设计在品牌战略中的意义就在于，当某个特定品牌确定一个适当的市场细分位置后，这一品牌的系列产品就会在消费者心中占据一个有利的空间。当产生某种需要时，消费者首先想到的就是这个品牌。这是产品系列化通过包装设计所发挥的市场作用，也是品牌战略的基础和依据（图2-36）。

图2-34 "HELT" 蜂蜜包装　丹麦设计工作室 Arhoj 设计

图 2-35 "琥珀蜂蜜"啤酒包装　Abby Norm 设计

图 2-36 冰激凌包装　Xoo Studio 工作室设计

冰激凌包装，Xoo Studio 工作室所做的重要工作就是品牌名的确立。在西班牙语中"oso"是"熊"的意思，熊的友好和憨态暗示甜食爱好者的贪嘴，将图形化的品牌名印在醒目的地方，用不同的颜色和文字说明区分不同的口味。

模块三

思路讨论与构思设计

本模块知识点： 包装装潢设计中的基础构图元素、包装设计构思的要点、包装设计构思的特点

知识要求： 通过大量优秀案例的分析和学习理解包装装潢设计构思的基本特点与要点，掌握包装装潢设计的构图元素、构思手法等相关知识

本模块技能点： 了解包装设计的基础构图元素及其作用，掌握设计创意表现、包装设计联想构思方法

技能要求： 掌握不同品类商品、不同销售对象的包装特点、要点和构思侧重点，梳理符合项目要求的设计思路，具备展开设计构思的能力

建议课时： 16学时

本模块教学要求、教学设计及评价考核方法等详见"爱课程"网站相应课程资源。

3-1 任务描述

任务解析

在对调查结果进行整理和总结的基础上，依据定位分析后的结果，在教师的引导下展开讨论，各自寻找出一条符合设计要求的思路方向；并配合营销策略的方案，进行平面装潢设计的构思发想；同时针对所要进行的商品包装设计做深入的特性了解。了解包装设计的起源、演变及发展趋势，学习优秀的设计案例，以古鉴今，进而提高设计水平。

实训内容

① 在教师的引导下展开对项目定位要点和市场策略的分析、讨论。

② 引导学生寻找和学习与已定设计方向相一致的执行榜样。

③ 了解并深入分析需要进行包装装潢设计的产品特性。

④ 掌握设计构思的基本要求，确定发展思路。

⑤ 掌握消费群体的需求特点，展开构思发想。

学习目标

通过对包装设计起源和发展的学习，扩大并加强专业理论知识的学习，开阔设计视野，根据历史发展的脉络理解包装设计的规律、核心要点及包装装潢设计构思的基本特点。

能力目标

梳理符合项目要求的设计思路，展开构思发想，并掌握阐述与表达方法。掌握不同品类商品、不同销售对象的包装特点和表现侧重点的差异性。掌握包装所体现的营销策略的诉求和传递出的文化特性，理解商品包装的特性和特殊要求。

任务展开

1. 活动情景

教师带领学生到图书馆寻找对应的优秀包装范例，并通过分析加深学生对已学知识的理解。以小组为单位进行交流，提高学生自主学习能力，并了解主观表达陈述论点的重要性，同时也要考查各小组的分工协作是否有效。调查结果的汇报交流是一项重要的团队式研究方法。

2. 任务要求

梳理设计思路做汇报交流，掌握正确表述观点的能力。

3. 技能训练

掌握拓展思路的能力，训练学生广泛而多元的思维能力。

4. 工作步骤

① 在分析结论中，寻找设计灵感。
② 寻找对应的执行榜样，并根据项目的具体设计要求，结合前期的调查分析和思路设定，进行有针对性的构思发想。
③ 通过头脑风暴进行构思发想，尽可能全面地得到包装设计项目实训所需要的信息。

考核重点

切实可行且符合项目要求的构思思路是本任务的考核重点。

3-2 基础知识

一、包装装潢设计的构思特点

构思是包装装潢设计的起步，是设计者在孕育装潢作品过程中所进行的思维活动。构思的成熟与否是决定整个设计成败的重要因素。在进行包装装潢设计的构思之前，一定要明确所要设计的包装属于哪一类商品，是食品类、药品类、化妆品类、电子产品类、儿童用品类，还是日用洗涤类等；还要明确商品的档次和销售对象，因为这些都与包装形态的最后呈现有着密切的关联。在明确了产品属性、类别和档次后，设计人员需要重点从以下三个方面展开分析理解。

1. 分析新包装推出的目的

很多企业在产品创新问题上常感困惑，在"变"与"不变"的问题上左右为难："不变"品牌很容易老化，"变"则面临着未知的风险。例如，"可口可乐"的成功就来源于长期明确的市场定位。产品的系列开发和变换后新的包装赋予了这个百年品牌新的生命和活力。

新包装的推出有多种可能性，并非一定是新产品才需要新包装，这是由企业产品的生命周期决定的。产品生命周期是指产品的市场寿命，即一种新产品从开始进入市场到被市场淘汰的整个过程，可分为导入期（介绍期）、成长期（增长期）、成熟期和衰退期四个阶段。在产品的不同生命周期阶段里，企业所面临的竞争特性不同，其新包装推出的目的也就不同（图3-1）。

- 教学录像：包装装潢设计构思的特点与要点
- 演示文稿：包装装潢设计构思的特点与要点 / 包装装潢设计构思的特点

图3-1 "东方树叶"茶饮料　Pearlfisher公司设计

"农夫山泉"邀请颇具实力的英国Pearlfisher设计公司为新产品"东方树叶"设计包装。该公司从西方视野审视了中国茶文化，并设计出特立独行、有创造性的包装形象，帮助"农夫山泉"在茶饮料中脱颖而出。中国有着世界上最丰富、深厚的茶文化。新的设计选择了在中国茶历史中具有里程碑意义的一些形象，通过这些形象继承中国茶文化，并将其传承、介绍给现代的消费者。在"眼睛决定我们吃什么"的设计理念指导下，"农夫山泉"的"东方树叶"产品的瓶身设计自然是"跟着眼睛走"。这款瓶型采用了上下方圆的设计，让消费者感到里面的液体很饱满，手握以后给人扎实的感觉，不会从手中滑落。在标签设计上，颈部的标识和色彩选用绿色的东方树叶标识，瓶贴上的图案分为船只、蝴蝶和花朵、马匹、日本建筑，与乌龙茶、茉莉花茶、红茶和绿茶4种茶饮料相对应，颜色各异、图案精美别致。文字排版的处理融合了中西方最优秀的样式。相对于市场上其他的茶饮料来讲，"东方树叶"的设计确实是非常特别的。

新包装的推出一般有以下几种情况。

① 新品牌新产品。为了应对全新产品的市场推广，商家必定要推出新品牌。

② 已有品牌新产品。在现有品牌下做产品延伸，开发新品种，如增加新口味、新功能等，也需要将已有品牌形象注入新产品的包装中。

③ 现有产品包装替换（旧品新装）。为符合不同地域或消费群体的需求，同样的内容物会采用不同的包装设计。

④ 促销包装。一为现有产品的加量，这是企业不愿降价促销，转而增加内容量的一种手法。二为配合新产品上市所推出的促销包装，以吸引消费者的注意。

⑤ 针对节日的礼品装。应特定的节日所推出的礼盒装，如"可口可乐"公司曾推出季节性的节日包装，就是针对地域特点和民族习俗而将含有圣诞寓意的图案运用在包装上（图 3-2）。

2．了解产品生命周期的诉求重点

在确认新包装推出的目的后，还需要了解产品生命周期上诉求点的侧重。不同生命周期的侧重各不相同。

（1）导入期的诉求策略

新产品投入市场，便进入导入期。此时，顾客对产品还不了解，因此该阶段以介绍产品功能和产品能带给消费者的最佳利益点作为诉求重点。

（2）成长期的诉求策略

在这一阶段，提高市场占有率是首要任务，主要表现在提升品牌认知度和清晰产品概念上，并逐步赋予产品丰富的品牌内涵。

（3）成熟期的诉求策略

成熟期阶段，营销策略的重点是强化品牌形象和差别化利益，并衍生新的产品概

图 3-2 "可口可乐"公司的节日包装 Ryan Meis 设计

念来支持品牌继续发展，加强消费者对产品的依赖和对品牌的忠诚度，为企业更多的新产品上市打下坚实的基础。

（4）衰退期的诉求策略

新产品或新的代用品出现，将使顾客的消费习惯发生改变，转向其他产品。因此，在这一阶段要强调品牌形象，提醒消费者本产品能给他们带来更多的实惠，努力唤醒人们对品牌的怀旧意识，并做好推出新产品的准备。

总之，选择何种诉求方式应根据不同时期的产品特点、消费心理、竞争状况等因素来确定。

3. 注重商品的特性和特殊要求

不同的商品有不同的特性，包装装潢设计的构思应与这种特性和特殊要求相适应。对特定商品进行包装装潢设计，不仅要掌握装潢设计的一般评估标准，还要研究这个特定的具体商品对包装装潢的特殊要求。

各种商品都有自己的特点。在构思时就要抓住这个本质，研究其与其他商品不同的地方。一个构思的形成，首先必须建立在对所设计商品的充分了解的基础之上。因此，我们无论设计哪类商品都必须做一番认真细致的调查研究工作：要了解商品的属性、特点、用途、原料、性能、规格、使用对象、销售地区，以及不同地区、国家的不同要求和不同民族的欣赏习惯；同时，还必须考虑印刷材料和工艺条件等相关方面的情况，这样才能为构思的形成提供坚实的基础。

商品的特点是由商品的形象、性能、用途、销售对象等多种因素决定的，它有内销与外销之别，有低档、中档、高档之别。不同类型的商品对包装装潢有不同的要求。例如：玩具类的包装装潢应适于儿童的特性，拥有生动活泼和富有趣味的形象；食品类的包装装潢应给人以美味可口的感觉，并有明确的保质保鲜要求；医药类的包装装潢应给人以平静安宁之感，并有功能和用法的简要说明；五金和工具类包装装潢应给人以稳定沉着、坚固耐用的感觉；各种礼品的包装装潢应有喜庆、愉快的情调；茶叶的包装装潢应在色、味、形等方面显示出一种古雅的风格；化妆品的种类很多，由于性能不同，对包装装潢的要求也各不相同，女用化妆品包装应透露出高雅丽质的气息，男用的化妆品则应表现出刚毅潇洒的特性（图3-3）。

在激烈的市场竞争中，只有做得比别人更好一点，比别人多走一步，才会建立自己的优势，才会为人所注意和喜爱。包装设计不仅仅是一种消费需求的简单满足，更是对消费者的引导。把多走一步的观念融入包装设计中，是在消费者消费行为中建立品牌优势的有效办法。

包装装潢设计的目的，最终是为了识别与促销。而落实到具体的设计行为，又有各自特殊的目的：或为开拓新市场，或为掌握原有市场，或为创造特定的市场，或为塑造商品的新风格。不同的目的，也必然会向装潢设计提出不同的要求。

任何商品都有自身的特点和局限性，我们应该认识它、正视它，扬其长而避其短。只要我们能切实按照装潢设计的特点和规律，在了解商品、认识商品的过程中多用脑子，勤于构思，就会达到预期的效果。

图3-3 "纳爱斯"男女款牙膏

"纳爱斯"男女款牙膏专门针对男女口腔护理的不同特点和需求而研发。男款特别添加了绿茶和薄荷成分，使口腔保持强劲而持久的清新口气；女款特别添加复合维生素及清凉解热、活血止血的马缨丹精华，解决口气问题，使口腔保持温和而持久的清新。口腔健康的性别差异是由于男女激素（荷尔蒙）分泌不同造成的。分泌激素的不同还导致了男性和女性行为方式的不同。所以，在包装设计上也要有所区别。

4. 确定包装装潢设计的主题表现

构思包装装潢设计时，除了需要注重商品的特性和考虑商品的特殊要求外，还要考虑到包装装潢设计的主题，这是包装装潢的时空局限性所决定的。

包装装潢设计是在极为有限的方寸之地上进行并发挥作用的，在销售过程中也只能在有限的瞬间与消费者接触。空间和时间上的局限性要求设计主题必须集中而鲜明。因此，在设计中不能盲目追求面面俱到，而要力求突出主题。

确定设计主题必须从提高商品市场竞争力的基本要求出发，针对该商品的生产、销售和消费等各方面资料进行分析研究，包括商标的形象和品牌的含义、商品的特性和功用、商品的产地和原料、商品的行销地区和消费群的特点、与同类商品比较在包装装潢上的特殊要求等。只有尽可能多地了解有关资料，才能较为恰当地选取设计的主题。

设计主题的选取范围一般可以在品牌、商品和消费者之间圈定。如果商品的品牌在社会上已经有相当的影响力，可考虑将设计主题圈定在品牌的范围之中；如果商品具有某种特色或特性，可考虑从商品本身选取设计主题；如果商品是面向特殊需求的消费群，就可考虑围绕消费者的特点来选取设计主题。其中，以商品本身作为设计主题往往具有较大的表现空间，因为商品均有各自的特有形态和质感等，同种商品又有多视角的表现能力。总之，无论主题怎样选取，都要以充分、正确地传达商品信息为

模块三 思路讨论与构思设计

目的。

主题范围圈定以后，就要进行更深层次的确认。如果把设计主题圈定在品牌范围之内，就要确认是表现商标形象还是表现品牌所具有的某种含义。如果把设计主题圈定在商品本身的范围之内，那就要确认是表现商品的外在形象，还是表现商品的某种内在属性；是表现构成成分，还是表现功能效用；是表现原料特性，还是表现产地特点。如果把设计主题圈定在消费者的范围之中，那就要确认，是表现行销地区的风土人情以满足消费者的心理需求，还是表现消费群的形象特征，以增强消费者对商品的亲切感。

集中而鲜明、生动的主题，可以使消费者在一晃而过的瞬间或视线接触的刹那，对商品产生深刻的印象，以利于销售。当然，主题不是唯一的内容，而是使包装装潢有一个主导的倾向和突出的特色（图3-4至图3-8）。

二、包装装潢设计中构图元素的作用

在包装装潢设计中，使用最多的构图元素是文字。文字不仅以商标、品牌名出现，还以各种说明性文字的方式出现。另一类构图元素为图形，它多以符号、图案、插画、摄影等方式出现。

1. 文字

包装装潢上的文字包括商品的牌名、企业名、产品名、说明文等。说明性文字不仅有关于商品本身的信息介绍，包括产品重量、功能、用法、注意事项、批准生产的文号、出厂批号或日期、保质期等工商部门规定出现的文字描述，还有企业为了更好地推销产品而做的背景资料介绍。出现在包装上的文字一方面可以准确、清晰地传递出

- 教学录像：包装装潢设计构思的特点与要点
- 演示文稿：包装装潢设计构思的特点与要点/包装装潢设计中构图元素的作用
- 常见问题：包装装潢设计中的基础构图元素及其作用是什么？
- 教学案例：包装设计构图元素参考案例1、2
- 包装装潢设计的基础构图元素（文字类元素）

图3-4 "银山"面包店的食品包装

该系列包装设计的构思主要以商品形象为主题而展开，设计师将日常生活中人们熟悉的场景和行为，用幽默、诙谐的插画手法加以表现。巧妙的地方在于道具或物件的某个部分是以食品本身的形象来替代，在轻松、愉快的氛围中，较好地表明了面包等食品与人类亲密的伙伴关系。

图3-5 "巴朗蒂"纯麦芽威士忌酒包装

产品的设计创意源于酒厂历史的一则传说"生命之水"，因此选用了水滴状的设计形象并配上一个底座。底座由一圈卡纸围住，表面形状象征了金色威士忌的波纹。为了使创意更清晰，设计者将"生命之水"的故事印在底座周围的卡纸上。纸盒则设计成从中间打开，一分为二，可露出波纹形底座上瓶子的结构。

图 3-6 灯泡包装　Angelina Pischikova 设计

图 3-7 传统小吃包装　张君琳设计　沈卓娅指导

图 3-8 "收藏美丽"洁面皂包装　崔婉玲设计　沈卓娅指导

"收藏美丽"是 PLC 植物洁面皂包装的再设计。收藏的基本含义为收集、保藏、保存，"PCL"洁面皂就是要把美丽收集并保存下来。文件袋具有收集、保存的作用，因此，本款设计运用文件袋很好地诠释了"收藏"的含义；视觉元素上选用文件袋最主要的特征——拴绳及圆扣，打开简单而淡雅的外包装后，蕴藏在内的"美丽"带给我们惊喜，寓意着朴实、内敛的植物洁面皂所具有的内在功效。

模块三 思路讨论与构思设计

商品的内在特性和与众不同的优势，起到促进销售的作用；另一方面也是为了让消费者在面对商品时，能正确和方便地作出购买选择（图3-9）。

2．符号

在构图中，除文字外还使用各种符号作为标志，其中最重要的是商标。除商标外，有的是标明商品荣誉的，如所获奖章、奖杯的形象；有的是关于保护商品的，如防潮、防震、防倒品等标志；有的是关于使用安全的，如有毒标记等。

3．图案

图案通常由线条和色块组成，具有浓郁的装饰趣味和抽象意味。在构图中，可与文字、符号相匹配，衬托插图、摄影，从而加强各个构图元素间的联系。在以文字为主的构图中，如化妆品的设计，常以文字为主而以图案（或是一种抽象的肌理，或是一条抽象的色带）为辅，既体现了简洁的效果，又加强了视觉的吸引力（图3-10）。

4．插画

插画是一种介于图案与摄影之间的视觉艺术，因对象、技法、创作手法与风格的不同而有各种不同的表现。插图可以充分发挥想象的空间，比写实的摄影手法更具灵活性，如儿童食品包装常采用夸张的卡通形象来吸引孩子们的注意（图3-11）。

5．摄影

装潢设计中常通过摄影的表现形式，准确地传达视觉形象，以强化消费者的印象与注意力，发挥促销的功能。尤其是食品包装，常以实物摄影的方式，展现内在食品的可口形象，以激发消费者的食欲和购买欲望。如今，计算机技术在设计中的广泛运用为装潢设计提供了更多的表现方式；同时，印刷技术的提高也为摄影图片的印制提供了更好的条件。因此，在装潢设计中使用摄影的做法，已呈现出越来越多元的发展

- 教学录像：包装装潢设计的基础构图元素（图形类、色彩类元素）
- 演示文稿：包装装潢设计的基础构图元素（图形类、色彩类元素）
- 文献资料：完美创意色彩；包装色彩设计

图3-9 酒包装　Navyblue，Edinburgh 工作室设计　　图3-10 茉莉花茶包装　黎燕萍设计　沈卓娅指导

图 3-11 "YoGo"食品包装　Cow&n 公司设计

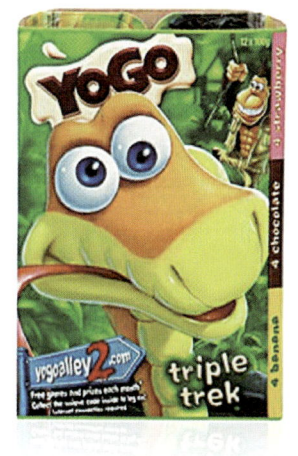

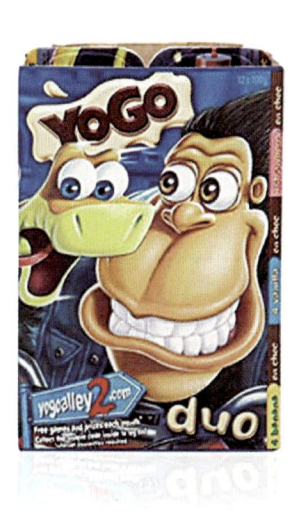

趋势（图 3-12）。

　　在五种构图元素中，以摄影最为具象，插画次之，而文字最为抽象。文字是通过特殊的抽象符号来传递信息的。除了文字以外，符号、图案和其他图形也有抽象的因素。不过，每种元素间，抽象与具象的界限并不是绝对的。精细描绘的插画可以与摄影的写实程度相媲美，而经过特殊处理的摄影也可以达到插画的意境。同样，图案可以符号化，符号也可以图案化，而图案构成也可以取得插画的效果。

　　五种构图元素虽各有作用，但就具体的构图而言，并不要求五者俱全。一般说来，文字是必不可少的，符号中的商标也是必须有的，图案可作相应的配合，插画和摄影则应根据需要适当取舍。

• 电子教材：设计调查报告 PPT 制作方法

图 3-12 "亨氏"食品包装　Cow&n 公司设计

模块三　思路讨论与构思设计

三、食品与西药包装

1. 食品包装的特点

（1）充分展示商品

展示商品主要采取两种方式。一是用真实的彩色照片向消费者表明食品的性质和特点，这在食品包装中最为常见和流行。直观、一目了然且信息明确的图像，可以指导消费者的购买行为，以免造成误解，尤其是在食品包装上。二是直接表明食品的属性，特别是新奇食品的包装上必须标注出反映食品本质属性的名称，不能用含糊的名称代替，如"克力架"必须注明是"饼干"，"派"必须标注是"夹心蛋糕"等。

（2）有具体详尽的文字说明

在包装展示面上要有关于产品的说明性文字。国家卫生健康委员会对食品包装上的文字有严格的要求，必须严格按照规定进行编写，使用的文字字体、颜色、大小要统一，同类的文字按固定的位置摆放，以方便消费者查看。

（3）注意功效设计

包装装潢的功效性体现在能够正确地传递商品信息，使消费者在无需销售人员帮助的情况下就能了解商品，从而决定购买。除此之外，包装的便携性和展示效果也是设计功效性的表现。

- 学习手册：思路讨论与构思设计
- 任务工单：思路讨论与构思设计实训项目单
- 习题作业：构思设计方案汇报（17份）
- 常见问题：包装装潢设计构思的要点是什么？

图 3-13 方便面包装　野上周一设计

图 3-14 果汁饮料包装 加拿大 Karacters 公司设计　　　　　　图 3-15 "亨氏"食品包装 Cow&n 品牌顾问公司设计

另外，对食品而言更重要的是保护性功能的体现。多数食品含有一定水分，在销售过程中很容易受到细菌等微生物的侵扰。因此，需要在包装材料方面多加考虑，以起到防腐、防霉、防异味、无毒的功能。现在市面上密封性较好的材料是高密度聚乙烯和聚丙烯，可制作真空复合包装和充惰气包装。此外，尼龙、涤纶、纱纶等薄膜透气性能也很差，可制作真空复合包装和惰气包装。

（4）强调商品形象色

食品包装装潢设计中，除了用透明包装或用彩色图片来充分表现食品的固有色之外，密封的食品类包装大多采用红色、黄色、橙色、暖绿色等食品形象色来设计，使消费者产生类似信号反应一样的认知反应，凭色彩就可快速地明确包装物的类别属性。暖色系在包装上扮演了主要角色。这是因为在日常生活中，食物的颜色以黄色、红色等暖色为主，所以在食品包装上就需要采用明快、富有食欲的暖色系列（图 3-13 至图 3-15）。

2．西药包装的特点

药品包装既有与一般商品包装设计一致的基本要素，又独具特点。药品与医治疾病、与生命有着直接的关系。因此，"方寸"间的包装设计就需要清晰地为医生和患者提供详细的文字信息。例如必须对药品的中文名称和拉丁文名称、容量、有效成分、用法及用量、使用注意事项、有效时间，以及药品批准文号、生产厂家标志及名称、地址等，进行详细标示；另外，对危险药品以及剧毒药品，还必须用文字和特定图形给予规范化表示。因为受到以上种种规定的严格制约，医药品的包装就需要具有极强的视觉功能性，不能只注重画面美感（图 3-16）。

（1）图形设计

药品形态变化不多，以片剂、粉剂、水剂为主，难以用写实方法或摄影图片来表达产品形象。因此，抽象几何图形就成为化学合成的西药包装的主要表现形式。通过一些构成手法的表现，可以创造出大量表达丰富抽象含义的图形，加强患者对药品的理解和信赖感，促发购买行动。

单纯的点线面图形使西药的包装设计多了些呆板的"共性"，而缺失了独特的"个性"。因此，高度概括和简化了的图案、动画等图形表达形式，在此处就显得格外具有人性化关怀。例如"邦迪"牌创可贴，手指的动态用动画形式表现得简洁而幽默，患者

模块三 思路讨论与构思设计

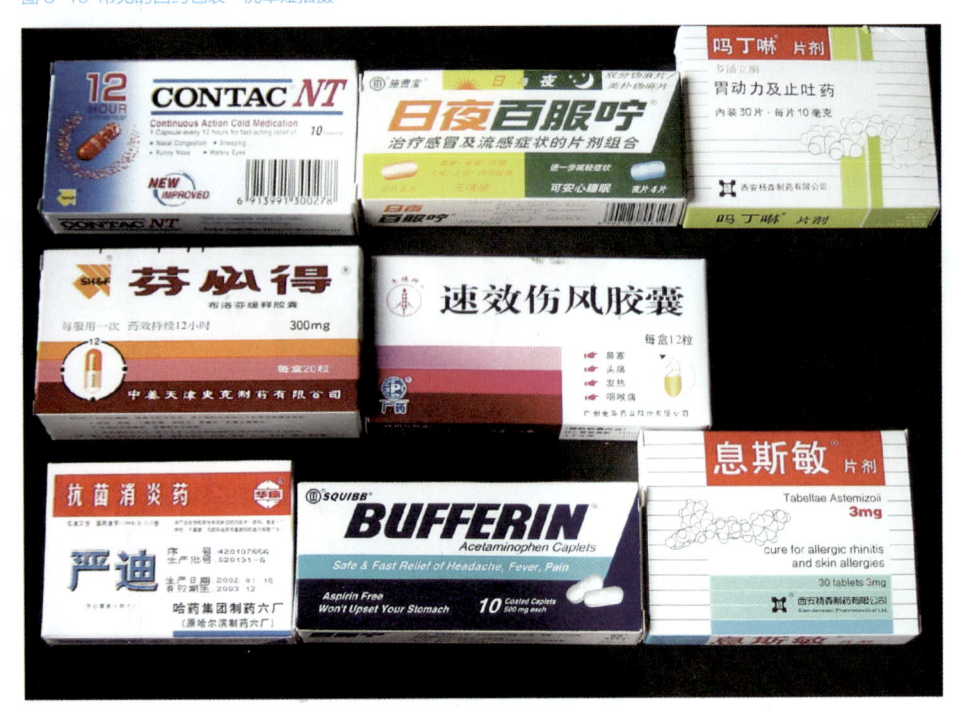

图 3-16 常见的西药包装　沈卓娅拍摄

在莞尔一笑中体会到制造者的体贴入微。这个成功的图形设计使"邦迪"从众多的产品中脱颖而出，成为西药包装中的标杆和学习榜样。

（2）色彩设计

药品包装要注重色彩的"功能性"。西药强调的是给人以清洁、安全可靠和品质优良的感觉，基调基本上是轻快的、冷静的、理智的色块组成，一般倾向于以白为主，配以蓝、青、绿、红等纯度高的颜色。例如，眼药类设计追求清爽和恬静的感觉；镇静剂与退热剂为了使人联想到冷静和收缩而使用蓝色；维生素类药剂应当以红、黄与白配合，以体现活力和强壮的感觉；鉴于儿童对药品的恐惧心理，儿童药品包装的色彩可采用轻松、明快的粉红色和橘红色等有"甜"味感的色彩。但在某些时候，"反常"地运用色彩也会成功，如"白加黑"感冒药就配合药名，大胆地采用黑白的极色对比，不仅表现了药品的强劲功效，也呈现出新奇、时髦与刺激的视觉效果。

四、包装装潢设计的文化性

文化是人类历史实践过程中所创造物质财富和精神财富的总和。经济学家杜森·佰瑞（J. Dusen Bery）说："在人类涉及的各种活动中，都可以找到文化的决定性影响……不管是产品的购买，还是产品的制造与销售；不管是提供物质上的途径，还是精神上的享受，都构成了我们的生活方式。"

文化使品牌内涵充满生机。"一股浓香，一缕温情"，是"南方黑芝麻糊"营造出的温馨氛围。江南小镇黄昏的静谧和民谣式朴实悠扬的音乐，牵动着每个游子的思乡之情。卖芝麻糊大婶和蔼的笑容和对小男孩的爱怜，让人体会到母性的怜爱和父老乡亲的朴实。温情的广告定位调动了人们的情愫，怀旧的广告主题

- 教学录像：包装装潢设计联想构思手法
- 演示文稿：包装装潢设计联想构思手法
- 常见问题：抓不住包装装潢设计构思的特点和切入点

触动了人们的怀旧心理。

由此可见，品牌的存在依赖于文化，没有文化就不可能创造品牌，更不可能成就名牌。许多世界著名品牌无不以独特的文化魅力吸引着消费者目光。"麦当劳"黄色的M吸引了多少消费者的光临，优质、快捷、卫生的食品也培育着一代一代消费者的饮食观念，人们不仅仅是去享受食品，还是享受"麦当劳"表现出来的美国快餐文化。

21世纪的商品包装着眼于品牌文化，并在发展过程中由过去的功能包装升华为当今的文化包装，从满足三大功能上升到文化品位的注入，包装由简单的保护、容纳功能，发展到对产品文化品位的营造。因此，把握和坚持包装设计的文化性，挖掘、整理各地区优秀丰富的文化内涵，将传统的文化思想精髓同当代设计的要素有机结合起来，就显得尤为重要。

1. 茶包装的文化性体现

中国是茶叶的故乡。茶经过几度沉浮成为中华民族的主要饮品，并且早已超出饮用的范畴。茶秉天地至清之气，能让人在繁杂的尘世中获得片刻清闲，所以深受文人墨客的赞赏——他们常以绘画、诗词、歌赋等形式来表达品茶的情趣，使茶文化更加绚丽多彩。茶文化同中华民族古老而光辉灿烂的文明一样悠久，是世界上任何国家和民族都无法比拟的。茶所具备的文化品位要求其包装应更突显文化的特性（图3-17）。

案例一："囍字号"女儿茶包装

以茶为核心，通过创意的包装设计呈现出文化的价值，是"囍字号"女儿茶

图3-17 茶包装　广州狮域设计顾问有限公司设计

模块三　思路讨论与构思设计

定位的根本目的，即以人文关怀、人性理念为基础，坚持"唯一"的品牌理念，以文化资源为素材（元素），在众多普洱茶产品中寻找自己的方向，寻找属于自己的细分市场，达成"可品、可赏、可藏"的品牌形象境界，树立高端普洱茶品牌形象。"囍字号"女儿茶努力打造成为并非第一个送茶礼，却是唯一值得收藏的茶礼。

具体来说，该产品的品牌形象表现在：可品——"囍字号"女儿茶取自云南纯料古树茶，是我国台湾及东南亚地区优质的普洱茶品牌。可赏——与传统的茶品牌不同，"囍字号"推崇的是茶文化、茶气质，是一种简单、古朴的生活态度。"艺术家系列茶"巧妙地将普洱茶品与书画艺术结合，让台湾的书法大师和艺术家在90片普洱茶砖的茶扉上写诗作画，追求茶与艺术的完美融合，提升茶品之文化精神诉求。可藏——女儿茶是当年清朝皇室格格专用的嫁妆茶，在那红色"囍"字包装里暗藏玄机，含蓄地教育皇室女儿传宗接代的奥秘，而这也暗合了普洱茶世代传承的人文气质（图3-18）。

案例二："Tazo"茶包装

"Tazo"这个单词比较抽象，在欧洲是"生命之河"的意思，在印度语中有"新鲜"之意。桑斯特拉姆（Steve Sandstrom）设计公司为"Tazo"茶刻意营造出一种考古式的怀旧气氛，通过"点石成金"的品牌策划思路，试图烘托出令人信服的远古神秘氛围，从而创造了引人注目的、独一无二的"旧世界"外观，使意象的东西成为可见的现实（图3-19）。

该包装的色调以棕褐色为主，一方面暗示某种已消逝的、远古的东西，另一方面作为远东的象征色，暗示着泥土中可能被发掘的宝藏。包装上的元素来源于最初圈定的图形，并将其精华的内容和形式提取出来，重新组织在各个画面里，然后应用到一系列饮品上，包括袋泡茶、散装茶、冰冻茶和瓶装茶。包装上都配有文字，介绍了关于茶的神话故事、"Tazo"茶的起源和发展等，以增强"Tazo"茶的文化积淀感（图3-20）。

由此可以看出，不只是中国茶包装需要注入文化内涵，营造出文化气息，其他国家和地区的茶包装也同样如此。

图3-18 女儿茶包装 三合堂公司设计

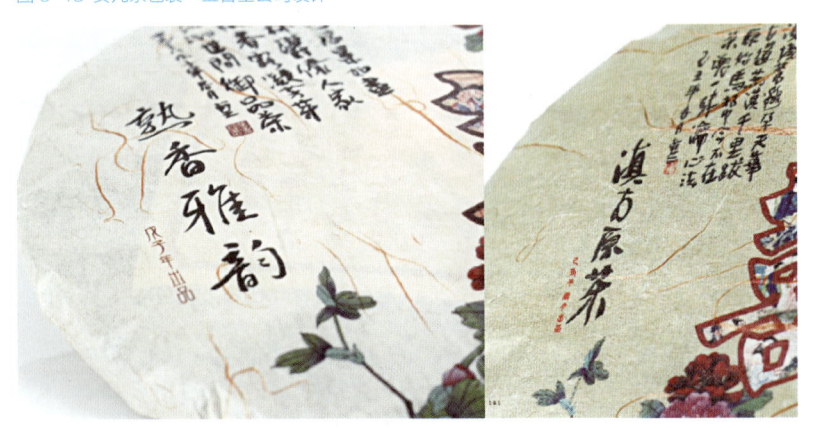

图3-19 "Tazo"茶包装中"点石成金"的元素

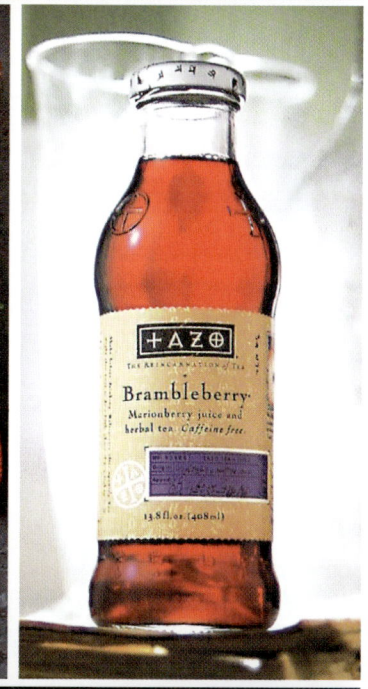

图 3-20 "Tazo" 茶包装　Steve Sandstrom 公司设计

模块三　思路讨论与构思设计

2．酒包装的文化体现

案例一："舍得"酒包装

在浩瀚如海的酒类市场中，"舍得"酒的细分市场是与"茅台""五粮液"直接竞争的高端酒品牌市场。虽然没有"茅台""五粮液"那样悠久的历史，也没有强大的企业实力，但"舍得"酒却以独特的文化视角将"舍得"这种中国传统文化理念包含了进去，通过解读"大舍大得、小舍小得、不舍不得"的人生智慧，推出了"品舍得酒，感悟智慧人生"的主广告语，进一步深挖了"舍得文化"的精髓。

在市场调研的基础上，"舍得"酒品牌塑造战略定位在文化价值范畴，即以人文关怀、人性理念为基础，以人本精神构筑品牌，以文化资源为素材（元素），主张品牌富有文化魅力和精神价值，塑造"文化酒"的品牌形象。

"舍得"酒的包装设计与品牌规划相得益彰，几乎舍弃所有的繁杂装饰：方形盒体上简单而平实的上下色块分割，以凝重、朴素的咖啡色与纯净的珍珠白形成对比；将商品名称作为主要的视觉图形，采用传统的正楷颜体字加以表现，并辅之以"米"字格为底，呈现阴阳构成形式，体现出"舍得文化"语境；包装语言也充满了阴阳变化，在视觉冲突中完成了一次现代与传统的时空跨越。另一大特点是——反传统包装的主视面与次视面的设计表现：在盒体的四个面与顶部重复更迭出现品牌，产生了一种重复的视觉节奏，进而彰显了"舍得"的个性魅力。

"舍得"酒实现了内外包装的有机统一。外包装的方体与内包装容器的圆柱体表现方圆天地、醉里乾坤，瓶形设计承袭外包装的风格，浑然一体（图3-21）。

案例二："太白1号"酒包装

"太白1号"包装设计借用了一系列中国传统的视觉符号进行文化性的表现。如"祥云"的文化概念在中国文化史上有着上千年的时间跨度，是具有代表性的

图3-21 "舍得"酒包装　飞人谷设计公司

中国文化符号。

品牌名中的"1",采用阿拉伯数字,与汉字"一"有明显的区别。从视觉上来讲,"1"与祥云搭配让人感觉这是传统与时尚的一次大胆结合,并形成了视觉整体感。

书法是中国文化的精粹,是一脉相传的文化元素。"太白"两字用行书表现,形成一种洒脱、奔放、自由的感觉,与李白本人的个性极度吻合。

印章是中华民族信用文化的表现,它象征着一种责任、一种保证,也是地位的象征。"号"字采用印章的表现手法,表达出白酒的高质量、高品质,同时也是企业对消费者的责任与承诺。

砚是中国文房四宝之一,酒瓶造型选用砚的形态,象征着一种民族文化的积累。外盒采用套装书的形式,同样体现了一种文化品质。

色彩上采用深墨红与土黄色为主要色彩。深墨红色稳重不浮夸,暗示文化的厚重;土黄色给人以黄土地的亲切感,透露出中国传统文化中的包容性和农耕文化的社会特性(图3-22)。

每一个品牌都有着不为人知的故事,都有着一个令人信服的设计理由,也都有着一个市场推广的卖点。正因为它们的故事不同、理由不同、卖点不同,才拥有着各自的消费群体。因此,"一个品牌的成功与否,在根本上取决于是否有鲜明的个性"。

· 文献资料:世界经典包装设计

图3-22 "太白1号"酒包装　飞人谷设计公司

模块三 思路讨论与构思设计

3-3 拓展与提高

包装的历史演进

与现代文明一样，现代包装适应着现代生活的需要。在历史的漫长岁月里，包装是随着人类文明的前进步伐而发展起来的，人们对包装的认识也是逐渐深化的。包装物的含义有广义和狭义之分。广义的包装物，即人类用来盛放和包裹食品或用品的器物；狭义的包装物则单指商品市场的销售包装，即商品的包装，它不仅是某种看得见、摸得着的器物，还蕴含着保护商品品质、传达商品信息、促进商品销售的内在品性。这两种含义，在远古是不能做明显区分的。只是随着商品交换的出现、商品经济的发展和市场竞争的加剧，商品的包装才逐渐为人们所认识和了解。

包装设计历史发展的全过程可分为包装设计的萌芽时期、包装设计的成长时期和包装设计的发展时期。

1. 包装设计的萌芽时期

当人类文明的曙光刚刚来临时，远古先民用大自然恩赐的竹、木等植物的枝叶，动物的皮、角等天然材料来做容器。这就是原始形态的包装。

在原始形态包装中，用葫芦、竹筒或椰子壳等现成的自然物作为液体容器，可算是最方便的包装。用来包装固体物品的，以竹、草等自然物为材料编成的箩筐也有很长的历史（图 3-23）。殷墟甲骨文中有不少表示容器的文字，其中"蒉"（音"愧"，Kui）就是用草或柳条编的筐。

我国至今仍保留着用自然物作为包装的习惯：用荷叶包装食品；用蛤蜊包装润肤油；特别是端午节的粽子，用箬叶包裹香喷喷的糯米，至今仍深受男女老少喜爱，可谓"千古包装"（图 3-24）。

- 教学录像：包装的发展历史
- 演示文稿：包装的发展历史

图 3-23 柬埔寨出售风味食品所用的包装

图 3-24 至今仍受大家喜爱的食品——粽子

陶质容器的出现，是古代包装史上的巨大进步，也是最古老的人造包装容器。与直接利用竹木等自然物做材料的包装容器相比，陶质容器通过加工制作，已经改变了原料本来的属性而获得许多新的特性，包括耐用性、防腐性、防虫性、造型的可塑性等。因此陶器被大量制作，并被逐步改进和美化。

据《吕氏春秋·勿躬》记载："神农日中为市，致天下之民，聚天下之货，交易而退，各得其所。"这段话说明，在远古的神农氏时我国已经有了集市贸易，出现了商品交换。在距今7 600年左右的甘肃秦安大地湾遗址出土的陶器上发现了刻画符号，其作用应与现代商品包装上的商标相类似。

2. 包装设计的成长时期

在奴隶制和封建制的社会条件下，包装设计处于成长时期。

这个时期，在西方大约从公元前3000年左右到公元18世纪初；在中国，则可以追溯到公元前2000多年的夏朝初期，到公元19世纪中叶封建经济开始崩溃为止。

春秋战国时期的思想家韩非（约公元前280至公元前233年）记载了"买椟还珠"的故事，用来说明商品与包装的关系："楚人有卖其珠于郑者，为木兰之柜，薰以桂椒，缀以珠玉，饰以玫瑰，缉以羽翠。郑人买其椟而还其珠。此可谓善卖椟者，未可谓善鬻珠也。"(《韩非子·外储说左上篇》)这段话的大意是："有个湖北人到河南去卖珠子，木兰做成的匣子，用桂、椒薰得香喷喷的，用珠、玉缀在匣上，用瑰玉装饰它，用翡翠去围绕它。河南人买下他的匣子，却把里面的珠子还给他。这真是一位会卖匣子的人，却不能说是一位会卖珠子的人。"韩非指出这位楚人的错误就在于"怀其文而忘其质，以文害用也"，也就是说，只想到表面装饰，而忘记内容实质，用纹饰破坏了用途。韩非的论述告诉人们，包装要为推销商品服务，但不能脱离商品销售的需要而盲目地追求华贵。韩非的话说明，春秋战国时对商品包装的认识已上升到理论高度。

在商品经济的推动下，包装的门类逐步增多，包装形态日益精美，呈现出丰富多彩、各显其能的局面。各国的包装设计和制作工艺水平也在相互间的经济文化交流中得到共同的提高。

（1）金属容器

·文献资料：包装分类设计

金属冶炼技术的产生是人类进入奴隶制社会的重要标志。因此，奴隶制时代也被称作"青铜时代"。公元前4000年至公元前1000年间，世界上几个古老的文明地区和国家，都相继进入了"青铜时代"。

我国的冶炼技术，到封建社会盛期又得到了长足的发展，除了铜以外，铁、金、银、铝、锡等金属都先后被开发利用。炼铁技术自春秋战国时期即开始，曾用于制作铁壶、铁箱等容器。陕西何家村出土的唐代贵族窖藏中，有金银器皿270件，造型优美、纹样细密，普遍使用了切削、抛光、焊接、铆、镀、刻、錾等工艺。元代之后，又开发出多种金属元素，并研制出合金材料，扩大了金属在包装容器中的使用范围（图3-25）。

（2）纸包装和印刷包装

造纸术和印刷术的发明，是中华民族对世界文明做出的重大贡献，也是古代包装史上的两个巨大进步。印刷术的发明和进步，大大地拓展了包装的销售功能。

据《新唐书》载，唐代已开始用厚纸板制作纸杯、纸器，并用纸包装柑橘从四川运

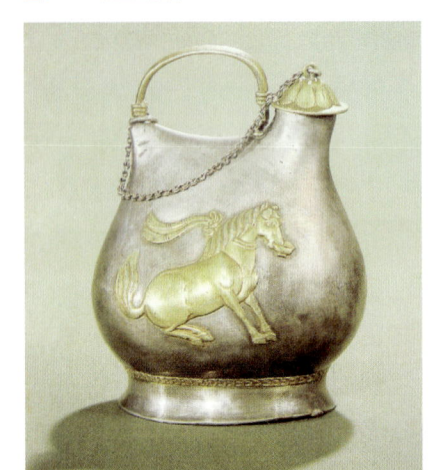

图3-25 银壶（唐）　　　　　图3-26 刘家针铺包装纸（宋）

到唐都长安。唐代陆羽的《茶经》中也有以纸囊包装茶叶的记载。

现保存在中国国家博物馆的一块北宋年间（960—1127年）印刷包装纸的铜版，13 cm见方，上方雕刻着"济南刘家功夫针铺"的铺名，中间是一个白兔的图形标记，两旁刻着"认门前白兔儿为记"的字样，下方刻有广告文句"收买上等钢条造功夫细针，不误宅院使用，客转为贩别有加饶"。这是我们所能见到的最早的印刷包装（图3-26）。

（3）陶瓷容器

世界各地的制陶工艺在原始制陶技术的基础上继续发展。爱琴海地区曾发现公元前1900年左右的精美陶器，器型有罐、钵、杯、碗、花瓶等。公元前8世纪以来，希腊大量地吸收东方艺术的精华，出现了陶器的"东方风格时期"，从而丰富了希腊陶器的造型，大体可分为双耳瓶、单耳瓶、杯、盘、双耳壶、单耳壶等六大类。

我国是古代瓷器的主要产地，从陶向瓷的过渡开始于青瓷。我国最早的青瓷可以追溯到商代（公元前17世纪初至公元前11世纪），在六朝（3世纪初至6世纪末）时达到成熟。而有瓷都之称的景德镇早在元、明两代即已发展成我国的瓷业中心。洛阳汉墓出土的陶瓷器上用色釉写着"小麦万石""黍米""酒"等文字，说明汉代已广泛使用陶瓷器封藏粮食和其他食品。唐代颜师古的《大业拾遗记》介绍了用密封瓷瓶保鲜食品的方法，即"以新瓷瓶未经水者盛之，封泥头勿令风入，经五六十日不异新者"，可称为古代的"食品罐头"。宋代大量使用瓷瓶作为酒的包装容器，造型有"影青酒壶""玉壶春""长颈瓶"等，设计十分精致，有的还将品名用色釉烧在瓷瓶上。

（4）玻璃容器

玻璃起源于埃及。公元前1世纪，罗马人发明了吹制玻璃的方法。到了公元3世纪，玻璃瓶已在罗马普通家庭中使用。

玻璃出现在中国的时间大概为春秋时代（公元前770至公元前476年），在当时又称作琉璃。到明代则已能大量生产玻璃器皿，并销往东南亚各地（图3-27）。

（5）以竹木等植物材料做包装

竹、木都是年代久远的包装材料。宋代的运输包装主要采用竹容器。它不仅用于包装普通货物，而且用于运送高档贡品。木制的箱、匣也是用途广泛的包装容器（图3-28）。

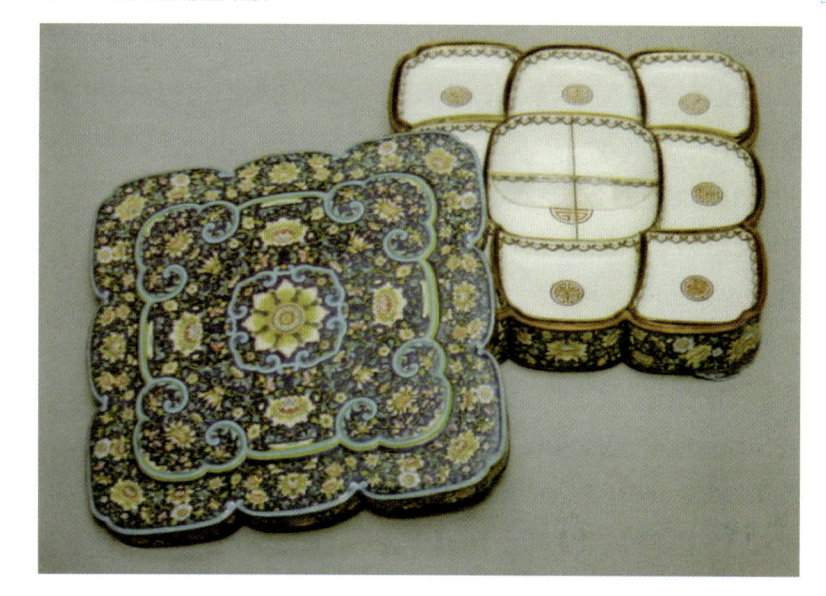

图 3-27 画珐琅大攒盒（清） 　　　　　　　　图 3-28 竹、漆三屉提篮（清）

图 3-29 1885 年生产的液态咖啡 R. Paterson & Sons of Clasgow 公司出品

此外，其他各种植物材料如藤条、柳条编织的包装容器，在古代也广泛地用于贮藏各种食品和日用品。

（6）以纺织品做包装

中国人是丝的发明者，纺织技术源远流长。我国古代很早就以丝织品和刺绣品制造包装物，有的直接缝制成包装袋，有的则制作成"锦匣""缎盒"等。《三国演义》中多次提到"锦囊妙计"，这种"锦囊"就是盛放文字材料的丝织包装袋。

据明代周嘉胄所著《装潢志》记载，秘书阁的皇家藏书"以黄绫装潢"。也就是说，这些书籍的包装盒是用黄色丝织品裱起来的。以丝织品制作的包装袋和包装盒，是我国古代盛放高档首饰、珠宝玉器、高级工艺品、贵重药材及其他珍贵物品的包装物，而且一直沿用至今。

（7）各类包装材料综合运用和系列化包装的出现

《武林旧事》中记载，南宋宫廷后苑造办的四季食品包装各具特色。包装上还贴以写有福、寿、喜字的红纸，以祈祝吉利。这实际上就是灵活运用多种包装材料的系列化食品包装。

3. 包装设计的发展时期

现代工业和市场经济推动着包装设计事业的迅速发展。

（1）西方包装设计的发展

随着商品经济的发展和市场交易的扩大，包装改变了以往那种单纯贮存物品的静态特征，作为销售性媒介被赋予了新的使命。产业革命之后，由于生产技术的提高，大量的产品充斥市场，推动了市场行销方式的改变。为增强商品的竞争力，生产商要求包装从材料的选择到结构、造型和装潢设计的精益求精。精美的包装设计在销售过程中扮演了重要的角色。R. Paterson & Sons of Clasgow 公司在 1885 年开始生产液态咖啡，专供当时驻扎在印度戈登高地的步兵团饮用，图 3-29 为该产品最早的包装形

模块三　思路讨论与构思设计

式。"科尔曼"则于 1905 年推出芥末包装（图 3-30）。

20 世纪 40 年代美国已经出现了超级市场的萌芽。20 世纪 70 至 80 年代是超级市场的大发展时期，并出现了"高消费时代"的提法。这种形势直接刺激了商品包装事业的迅速发展，使现代包装不仅成为销售的媒介，更成为市场竞争的有力武器（图 3-31、图 3-32）。

20 世纪 80 年代初期，西方世界受经济危机的影响，出现了回收再利用的包装设计观念。

20 世纪 90 年代以来，在各国政府的倡导、各民间组织的努力下，出现了讲究可持续发展的"绿色主义"新观念，并逐渐成为 20 世纪 90 年代至 21 世纪包装设计的新导向（图 3-33）。

（2）中国包装设计的发展

1949 年新中国成立前，我国还未形成较为发达的包装设计事业（图 3-34）。

1949 年新中国成立以来，政府为包装设计事业的发展开辟了广阔的前景。1956 年我国成立了第一所专门培养工艺美术人才的高等学府——中央工艺美术学院（今清华大学美术学院）。学院中设有包装装潢设计专业，培养了大批包装设计人才；1980 年和 1981 年先后成立了中国包装技术协会和中国包装总公司；1981 年 3 月，中国包装技术协会所属的设计委员会在北京成立；1982 年 9 月，由中国包装技术协会和中国包装总公司联合举办了首届全国包装展览会。

从 20 世纪 80 年代初到 90 年代初，我国包装工业产值的年增长率平均达到 15%。1980 年我国包装工业的产值为 72 亿元；1995 年已增至 1 145 亿元，比 1990 年增长 152.1%，5 年间平均每年递增 20.3%；1996 年，年产值达 1 260 亿元人民币，又比

图 3-30 "科尔曼"芥末包装

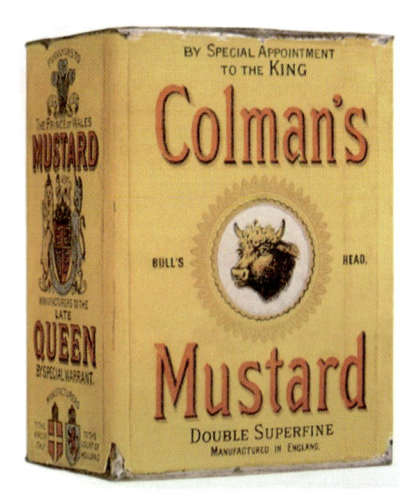

图 3-31 "家乐氏"谷物片包装　Kelloggs 公司 1952 年出品

图 3-32 "Smiths"薯片包装　1962 年出品

"Smiths"薯片于 1962 年出品的包装，是专为聚会而设计的大包装，画面融入了欢快的节日气氛，同时还利用摄影图片表明这种薯片可以有两种吃法。

图 3-33 "来自茉莉的问候" 茶包装　吴绵桐设计　沈卓娅指导

用最古老的沟通方式——写信，寄一份茉莉清香，分享一刻悠闲时光。写一封信分享给闺密、爱人、家人，或者写给自己、写给未来、写给陌生人、写给所有你想与之分享的人。分享茉莉仙子的 12 份茉莉清香、12 份沁心的爱。

设计采用了邮筒和信封的形式来承载这个理念，然后提取邮戳、邮票、明信片等元素进行拆散重构，通过排版、组合设计出产品的外包装盒。包装上邮筒的投递口位置镂空，是用来做硬币的投口的，当茶包喝完以后邮筒便可以作为硬币储钱罐重新利用。茶包的包装采用原始的信封样式，加上字体设计和文字排版设计而成，让消费者在打开茶包的时候可以享受拆开信件时的喜悦。

模块三　思路讨论与构思设计

1995年增长10%以上。在包装材料、包装容器和包装器材的生产方面，我国企业从主要生产简单产品，发展成包括纸制品、玻璃制品、金属制品、包装印刷、包装材料、包装机械等门类比较齐全的产业，具备了生产国内和国际流行产品的技术能力。包装工业的迅速发展，为我国包装设计事业的加速发展开拓了一个美好的前景。

在台湾地区，随着20世纪60年代洗衣机的普及，用肥皂洗衣服的手工时代开始转换成用洗衣粉的机器时代。美国经典品牌"汰渍"洗衣粉也进入台湾地区市场。彼时的"汰渍"与现在仍在使用的"汰渍"洗衣粉包装，无论是色彩还是图形都有着很多的关联（图3-35）。

在祖国大陆，"雅霜"伴随着几代人的青春，已成为经典的回忆（图3-36）。

图3-34 民国时期药品包装

图3-35 "汰渍"洗衣粉

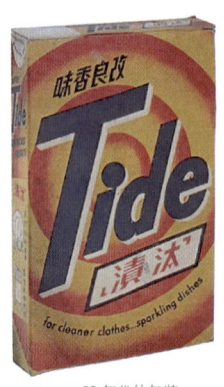

60年代的包装

当今的包装

图3-36 伴随着几代人记忆的"雅霜"

模块四

方案设计与表现形式

本模块知识点： 视觉设计的表现手法、设计草图、设计步骤、包装结构、产品形态与功能、包装设计材料

知识要求： 了解包装装潢设计与包装结构的关系，掌握包装形式构思与草图设计的方法

本模块技能点： 绘制草图，结合产品进行包装设计，利用各种方法进行包装设计，度量产品尺寸，制作包装样盒，检验包装结构的合理性，绘制包装构图，选择包装材料

技能要求： 通过大量草图训练进一步提高手绘能力，掌握草图的视觉表现方法的综合运用及系列包装装潢设计的方法

建议课时： 36 学时

本模块教学要求、教学设计及评价考核方法等详见"爱课程"网站相应课程资源。

4-1 任务描述

任务解析

一方面需要在正确的定位策略的指引下展开思路构想，另一方面需要寻找符合项目要求和满足消费者需求的创意及表现方式，并通过草图训练提高设计思维的敏感度，学会多方位、多角度地思考项目设计的任务要求。在教师的辅导下对方案进行分析、讨论，在不断修改方案的过程中逐步提高自己的设计能力。

实训内容

① 针对自己设计作品中存在的问题进行修改。
② 通过恰当的表现技巧设计包装作品。
③ 在反复修改中，掌握系列包装设计的方法和技巧。
④ 掌握纸盒结构的运用方法。

学习目标

学习如何运用视觉的重点进行合理的设计；充分了解包装的视觉传达功能，了解商品色彩的特殊属性；了解包装容器造型设计的基本方法。

能力目标

掌握视觉表现方法的综合运用，寻找符合产品本身特性的设计表现形式，掌握包装装潢设计的一般标准。

任务展开

1. 活动情景

以一对一辅导为主，通过单个看稿的形式，与学生共同讨论、分析草图构思的方向，并提出修改意见，逐步完善设计稿的表现，直至确定最终设计方案。

2. 任务要求

需要有10个以上的设计方案。方案的元素需要与产品的特性或销售策略等有一定的相关性。

3. 技能训练

通过大量草图训练，提高手绘能力，掌握创意表现形式并熟练运用软件进行方案的深入。介绍自己的作品，提高表述能力。

4. 工作步骤

① 查阅资料并进行草图创作。

② 小组讨论，寻求设计的突破点。

③ 每人提交不少于10个设计方案。

④ 熟练运用PhotoShop、3DMax设计软件。

⑤ 通过交流分析设计方案中的优点与不足，提出修改意见。

- 学习手册：学习手册
- 任务工单：参观公司与专业讲座
- 教学视频：参观包装公司
- 习题作业：狮城公司观后感 1～4

考核重点

设计创意与表现中元素的提取是否准确，最终的执行力是否到位。

4-2 基础知识

一、包装装潢的构图与视觉

包装装潢构图设计的目的在于创造有效的视觉吸引力，或制造引人入胜的意境，以激发消费者购买的愿望。就设计的构思或营销的要求而论，装潢构图设计要有表达的重点。与其他种类的视觉设计相比，装潢构图可供利用的面积较小，而所要传达的商品信息较多。尤其是小型包装，不仅要在很小的面积中融入丰富的内涵，还要表现出强烈的视觉冲击力。如何运用合理的设计方法突出视觉的重点，以发挥包装视觉传达的功能，是装潢设计时所要认真考虑的重要课题。

1．构图的表现手法

确定设计内容后，就要通过一定的构图形式把内容充分地表达出来。同样的内容可以通过不同的构图去表现。这就需要在构图的过程中选择较理想，且能体现商品属性的构图手法来完成。不同构图的效果是各不相同的，但也可以达到大致相同的目的。设计者的工作就像在创造一个有思想的生命，所以，在构图过程中需要选择较理想的、最能体现商品属性的构图手法来完成。

（1）构架组织

通过构图中起支配作用的结构线，将不同的构图元素纳入一定的整体秩序之中。举一个生活中最简单的例子，当我们的教室杂乱无章时，只要我们将桌子进行纵向和横向的对齐排列，再把椅子放好，教室顿时就会变得整齐有序，这就是那些结构线在起作用。同样的道理，当我们面对零乱无秩的构图时，可以通过构架的手法，去寻找画面里那些看

- 教学录像：视觉设计的表现手法
- 演示文稿：视觉设计的表现手法
- 教学案例：案例分析（设计表现）

图 4-1 面粉系列　ST Design 公司设计

图 4-2 巧克力包装　加拿大 karacters 公司设计

通过灰色块和重色块将两组文字及一组图标做齐头的排列组合，再配合同色系的色块做底纹，就形成了这个巧克力包装的构图形式。

图 4-4 葡萄酒包装　Voice 工作室设计

不见而内部又存在联系的结构线。有时构架直接出现在设计之中，成为图形或文字的一部分，但更多的是运用构架使构图编排富有秩序感。构图的结构线能使画面产生一种内在的统一，但并不一定要明确地描画出来，构图时经常用到的就是这种手法（图 4-1、图 4-2）。

（2）疏密对比

图形或文字是自由散布排列的，它们既可以聚集或疏离在一点或一线的周围，又可以较为平均地挤塞或疏散在一个画面之中，这就是疏密的构图手法。中国画经营位置中的"密不通风、疏可跑马"的构图手段，同样适合包装装潢的构图处理，具有"四两拨千斤"的视觉力度。

图 4-3 咸鳕鱼干包装
ST design studio 设计

疏密的构图手法更注重视觉元素间的节奏对比，因为密集与疏散是相互衬托的。不管视觉元素是否存在于同一个表面，任何形式的密集都要依靠疏散来衬托。"疏"在某种程度上也可以理解为是一种无形的负空间。因此，我们在构图元素的组织上要考虑疏密的对比，以产生更好的个性化设计构图（图 4-3、图 4-4）。

（3）正负空间

一般情况下，人们只对平面上的正空间，即文字和图形感兴趣。对于没有视觉形象的负空间，人们通常认为它是毫无用处的空白，很容易被忽视。如果把空白当作视觉的停顿，犹如一段乐曲中短暂的休止是对前曲的衬托、对后曲的推动，是承上启下的过渡，那么概念上的、毫无意义的空白将消失，转而成为能传达视觉信息的一个有

模块四　方案设计与表现形式

图4-5 "DRY" 汽水包装　Steven Watson 设计

效空间。正负空间的构图手法强调的是正负空间上的视觉均衡，也就是所占有的视觉空间均等，以产生一种势均力敌的平衡感（图4-5）。

从美学观点上看，负空间即无形部分，与正空间——文字、图形等有形部分有着同等重要的意义。没有负空间也就不可能有与之相对应的正空间，构图中良好的负空间起着烘托、强化主题的作用。因此，在进行构图设计时，不仅要注意对有形部分的着意表现，而且要推敲无形部分，处理好空间的形状、大小及相互的比例关系，使空间体现出构图的格调。

2．视觉强度与视觉深度

为了强化装潢的视觉传达功能，必须通过装潢构图的编排，建立视觉重点。而如何形成视觉重点，又有赖于视觉强度的比较与视觉深度的衬托。因此，要建立视觉重点必须研究视觉强度与视觉深度。

所谓视觉强度，就是在同一构图中，各视觉要素对视觉吸引力的大小。其中，视觉吸引力最大的就是视觉重点。所谓视觉深度则是各视觉要素按视觉强度的大小排列而形成的秩序，或称为层次感。例如，构图中有a、b、c、d四个点，其中a为视觉重点，而视觉深度就是a、b、c、d之间所形成的视觉秩序（图4-6）。

（1）视觉强度与视觉深度的重要性

① 从促销的要求分析。包装装潢要吸引消费者的注意力，就应"不同凡响"，即

图4-6 新生儿尿不湿包装　田端伸行、高桥智之设计

在众多的竞争对手中脱颖而出、鹤立鸡群，形成"万绿丛中一点红"的局面。而要实现这个目的，就必须在装潢中发挥视觉强度的优势和视觉深度的衬托作用。这就要求在装潢构图中突出牌名和商标，并使整个装潢给人以独特印象，便于辨认。尤其是当需要表现的内容较多时，更要认真考虑如何将它们层次分明地——呈现出来，使消费者清楚地获得信息。就厂家的一般要求而言，希望强调的文字是牌名和产品名，接着是企业名，然后是说明性文字等；希望强调的图形是商标和商品形象。就消费者的一般需要而言，首先关心的是牌名的可信程度和商品的内在质量，然后是有关商品的其他资料以及外形等。可见消费者认识商品的过程也有轻重缓急之分。基于以上原因，我们需要在装潢设计中发挥视觉强度和视觉深度的作用，以突出视觉重点，并将其他内容有秩序地加以编排（图 4-7）。

② 从视觉的规律分析。对眼球运动的研究表明：人们面对大幅画面，如大型广告画时，眼球的运动主要是视线的移动；而面对小幅画面，如包装装潢时，眼球的运动主要是焦距的变动，即先看对眼球刺激强的、感觉比较"近"的，再看对眼球刺激较弱、感觉上比较"远"的，从而相应地调整眼球焦距，以适应画面多层次的编排配置。

视觉强度与视觉深度是视觉规律的反映，我们要自觉地运用这种规律，才能使装潢设计更好地发挥视觉传达的功能。

（2）视觉强度与视觉深度的形成

视觉强度的形成，主要是通过对比的方式完成，如大小对比、形状对比、色彩对比、色调对比、质感对比、方向对比等。在大小对比中，所占位置大的视觉强度也大，反之亦然；在形状对比中，特异的形和孤立的形能引起较多的注意；质感对比主要指肌理的对比，肌理的有无与变化可造成视觉的关切；在方向的对比中，特殊走向的文字或图形容易引人注目。

色彩与色调的对比属于同一性质，而且是对比中颇具特色与效果的。色彩的对比要素，又分为色相、彩度与明度；反映到色调中，就形成了冷与暖、鲜艳与灰涩、明亮与深暗的对比。其中对比最强烈的部位就是视觉强度最大的部位，尤其是明度的对比，其重要性是不可忽视的。凡是在明度对比强烈的地方，其视觉强度也一定是大的（图 4-8）。

视觉深度的形成，与视觉强度密切相关。视觉深度主要是按视觉强度的大小分别排列而成。不过视觉深度的形成又有相对的独立性。平面空间化就是创造视觉深度的

图 4-7 "tasso" 糖果包装　朋友设计公司设计

这款包装设计无论是文字、色块，还是图像，都充分且形象地传递出商品的特点——层叠的特性。逐渐变大、变模糊的图像强化了这种视觉效果，大面积的红色也将品牌名"tasso"衬托得十分醒目。

图 4-8 食品包装　Morillas Brand Design 工作室设计

重要方法。透视和渐变是平面空间化最常用的两种手段。透视是利用各种透视方式形成远近感，渐变分为大小渐变、色彩渐变、明暗渐变、形状渐变等。

二、包装装潢的色彩设计

在包装装潢上，色彩是影响视觉感受最活跃的因素之一。因此，在包装装潢设计中，色彩设计尤为重要。它不仅起着美化商品的作用，而且还能增加商品的竞争力。

1．商品的形象色

商品的形象色是指不同种类的商品包装在色彩上有不同的要求。一般说来，商品的形象色能便于消费者识别，有利于商品的销售。商品包装的种类大致分为食品、药品、家用电器、化妆品、洗涤用品、日用品等几大类。这些商品包装的色彩都有着各自不同的要求和特点。

如食品包装几乎都是黄色和红色。这是因为在日常生活中，食物的色彩多以红色、黄色等暖色为主。因此，食品包装的色彩设计应当采用明快且富有食欲感的暖色系列（图4-9、图4-10）。

药品包装则与食品包装恰恰相反，大多是白底，再配以绿色、蓝色，最后映入眼帘的才是红色或黄色。消炎、镇静、降热类药物多用蓝色或绿色包装，再以红色或黄色作点缀；而增强体力、维护健康的保健滋补品则多采用象征精力充沛的红色（图4-11）。

家用电器包装常采用黑色、银色和深蓝色，它们给人以高技术含量之感。化妆品常用黑色、白色、红色、金色、银色五个极限色，营造出一种神秘高贵之感。洗涤用品常用蓝色和白色，有洁净卫生之感；或用纯度极高的色彩表现出较强的洗涤功能。

从一般的角度来说，包装装潢的色彩设计，应使消费者从包装色彩上就能辨认出某种商品的信息。因为在消费者的心目中原有的商品形象色已根深蒂固，而一旦使用了与之相悖逆的颜色，就可能会出现两种截然相反的结果：要么就给人以新鲜、独特、别有创意的感觉；要么就与初衷相去甚远，得不偿失。由此可见，在包装设计时对商品形象色的选择和运用是一个举足轻重的问题。

2．色彩的抵触

同一个包装面上的颜色有时是相互抵触的。红色是暖色，蓝色是冷色，这两种色

图4-9 "嘉顿"饼干包装　靳与刘设计顾问公司设计

图4-10 "嘉顿"忌廉威化饼干的色彩规划　靳与刘设计顾问公司设计

图 4-11 药品包装　加拿大 karacters 公司设计

调可以引起心理上温暖和寒冷的错觉。如果暖色和冷色各用一半，就不能给人以明确的冷暖感，因而不容易引起人们的共鸣。

颜色还可以表现轻重感，发黑的颜色使人感到沉重，白色使人感到轻快，重色和轻色各用一半也很容易发生抵触。

味觉色包括红色、黄色、茶色、白色、绿色和紫色，其他颜色都是非味觉色。在食品包装中，如果非味觉色达到一半以上也是不利的。

为了避免颜色发生抵触，应在可能发生抵触的各对颜色中做出选择，使一方比重增加而另一方削弱，以避免分庭抗礼的局面。

3．色彩与销售的关系

当着手设计商品包装的时候，必须先调查一下同类包装的形态和色彩倾向，以及这类商品给人的印象是浓烈还是清爽，是暖热还是寒冷，是坚硬还是柔软。有了这些认识以后，再按照商品形象色的原则，结合商品自身的特点加以灵活运用，就会满足消费者的心理需求（图 4-12、图 4-13）。

图 4-12 有机食材包装　Camilla Jarem，Cathrine Lie Hansen 设计

图 4-13 "Donna Hay" 烘焙食品包装　Forst 设计

有机食材包装设计通过香草或蔬菜的绿色与品牌的玫瑰红做对比，使品牌在货架上脱颖而出，给消费者以现代、新鲜、精致的感觉。挪威 Synovate 市场调研结果显示，此品牌在上市后的短短 6 个月内，就成为消费者心目中第二大有机食品品牌。

这是澳大利亚 Donna 公司的烘焙食品系列，产品包装秉承"特制、简单"的企业哲学，其充满张力的构图形式、简单的文字排版，加上更具独特性的色彩处理，做到了真正的"特制"；采用粉绿、粉蓝这两种绝少在食品包装上运用的色彩，与充满食品形象色的"巧克力色"相配合，产生了"特制、简单"的视觉效果。

模块四　方案设计与表现形式

图 4-14 "可口可乐"公司 Zero 的詹姆斯·邦德限定汽水包装

当然，由于年龄差和地区差等因素，消费者对色彩的爱好也是有很大区别的。需要说明的是，色彩学不是销售学。从色彩学的角度看，在选择香烟的包装色彩时，必然会采用象征清爽飘然、明快似神仙的色彩。但是，从销售的角度来看却不尽然。例如万宝路香烟是以红色为主，配以白底、黑字的色彩设计，销路甚佳。这是因为万宝路所要树立的是威武剽悍的美国西部牛仔式的硬汉子形象。包装上强烈的红、白、黑三色形成对比，恰如其分地符合了这一形象特征。

因此，色彩学与销售学对于同一种颜色的评价，结论往往是不同的。从销售学的观点出发，一切配合销售所进行的设计都必须符合销售策略，这往往会突破色彩的禁忌，而使包装装潢的设计越发千变万化。从这个意义上来观察商品包装的色彩，就会发现有许多包装是违背色彩学的。如"蓝罐曲奇"大胆地采用满底蓝色，再配以令人垂涎欲滴的曲奇饼形象，充分调动了消费者的购买欲望。再如"可口可乐"公司推出的"Zero"口味与原味可口可乐极其相似，市场的主要对象是年轻成年男性，但其强劲的黑色确实吸引了其他层面消费者的眼球（图 4-14）。

三、手绘草图的表现

1. 手绘草图的作用和意义

手绘草图是用来记录设计创意过程的画面，用于将偶然闪现的模糊印象及时地勾画下来。将这些随手勾画的草图加以整理，并选取其中与设计目标一致的方案做进一步的深化，此时离我们设计的预期目标已越来越近了。许多时候，设计的创意就在不经意的"乱写乱画"中渐渐地清晰起来，将原先的构想变成现实。

手绘草图不仅可以记录瞬间的灵感呈现，还有助于研究和深化设计方案。直观的形象构思是设计师对方案进行自我推敲的一种语言，也是设计师相互交流探讨的一种语言，它有利于空间造型的把握和整体设计进一步深化。

在考虑了包装的功能等因素之后，就要把设想和构思方案用草图的形式表现出来，然后根据方案的需要确定包装材料的性质和种类。当然也可以根据委托单位所指定的材料性质和种类，进行适用于这种材料的设计构思（图 4-15 至图 4-17）。

- 教学录像：设计构思与草图表达
- 演示文稿：设计构思与草图表达
- 习题作业：草图展开与方案深入
- 教学案例：学生作业示范（草图）
- 常见问题：草图展开与方案深入／交流用草图应画到何种程度

图 4-15 "惠塔德"咖啡包装　Stewart Colville 设计

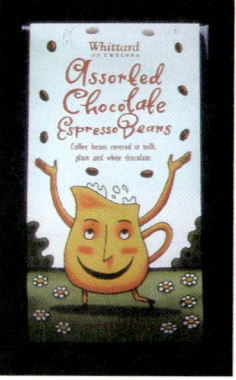

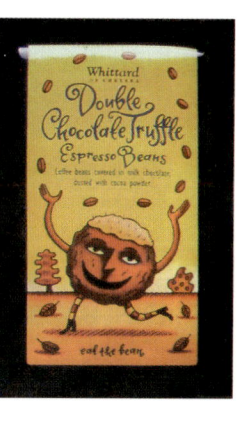

"惠塔德"咖啡包装是一个打破所有规则的设计故事。包装采用插图的形式，使文字和图形融合为一个共同的主题，表现出轻松愉快的气氛。插画的表现风格也与咖啡轻松、浪漫的产品特性相吻合。设计者的聪明才智赋予产品准确的定位。设计公司的创办人伊恩·洛根说："我把零售业看作剧院里的表演，如果你对一种产品感兴趣，你可能想看到下一个产品。"

图 4-16 "惠塔德"咖啡包装的设计草图

图 4-17 "惠塔德"咖啡包装的线稿

虽然只是设计草图，但已清晰且准确地表现出设计者的构思意图。

2. 手绘草图与计算机辅助设计的区别

手绘草图与计算机辅助设计都是设计过程中的必要手段，都很重要，只是侧重点不同、应用阶段不同而已。

手绘草图能及时传达和记录设计思维，因为想到哪，手就画到哪了，是构思过程中最直接、最贴切、最自由的传达方式。在思维状态连贯的前提下，手绘草图可以一气呵成，不会因为忙于输入某一个命令或顾及某一个细节尺寸而阻断了思维的延续，这在创意构思阶段是非常重要的。从这层意义上说，计算机无法取代手绘。

计算机辅助设计的特点是设计精确、效率高、便于更改，还可以大量复制，操作非常便捷，在方案深入及正稿制作中起到非常重要的作用。

因此，建议设计人员在设计工作的前段，应以手绘草图为主进行创意构思，而当方案基本明确后，再以计算机软件辅助进行构思方案的深化与制作（图 4-18 至图 4-22）。

模块四　方案设计与表现形式

图4-18 "茉莉仙子"花茶包装草图（1） 杨家梅手绘　沈卓娅指导

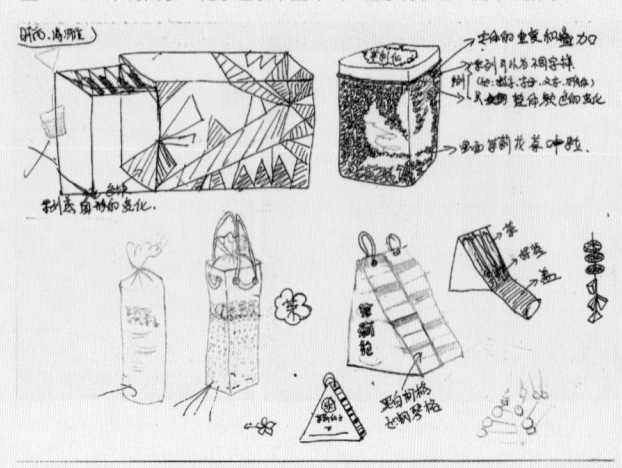

图4-19 "茉莉仙子"花茶包装草图（2） 杨家梅手绘　沈卓娅指导

图4-20 "茉莉仙子"花茶包装草图　李振仪手绘　沈卓娅指导

图4-21 "茉莉仙子"花茶包装草图　李淑梅手绘　沈卓娅指导

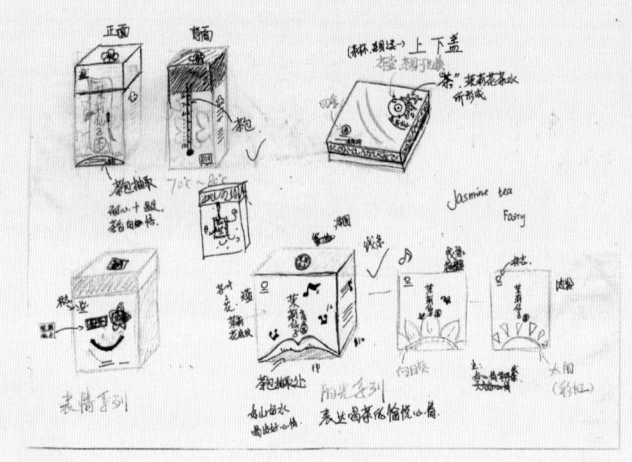

图4-22 "茉莉仙子"花茶包装草图　吴绵桐手绘　沈卓娅指导

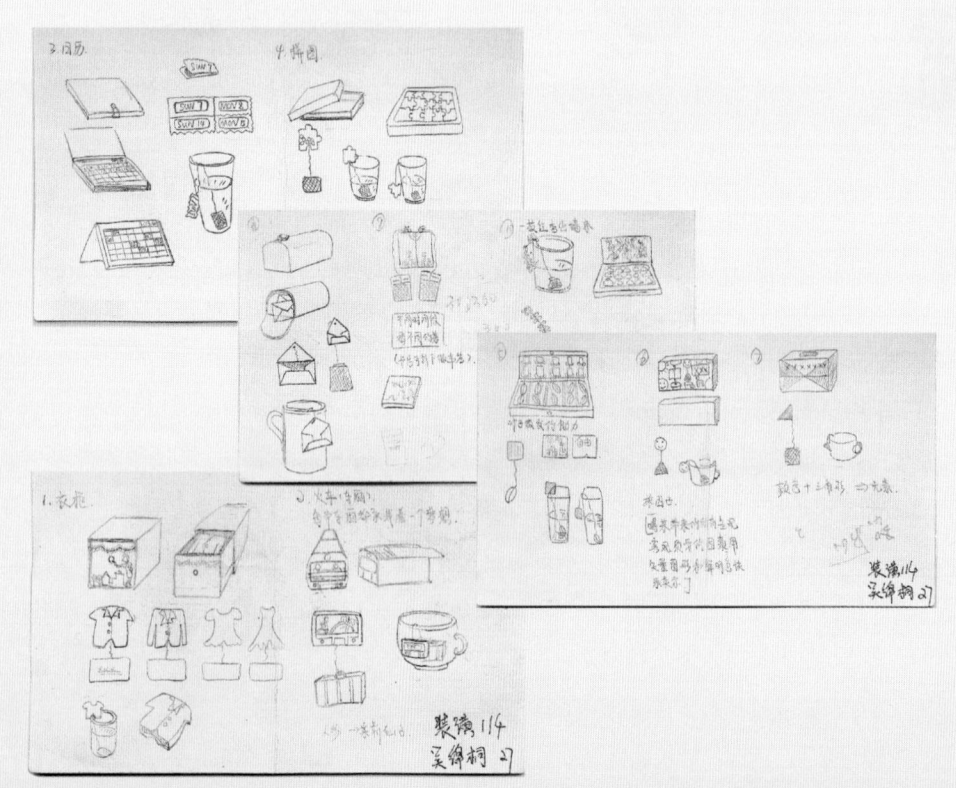

- 常见问题：草图展开与方案深入／总觉得电子稿太单薄，色彩搭配不理想怎么办？

3. 草图绘制的步骤

① 构思草案。这个过程可以利用铅笔及简易的色彩材料来完成。

② 设计表现元素的准备。一是图形部分，对于精细表现的插画先要求大致效果的表现即可，摄影图片则运用类似的照片或效果图先行替代。二是文字部分，包括品牌字体的设计表现、广告语、功能性说明文字的准备等。三是包装结构的设计，如纸盒包装应准备出具体盒形结构图，以便于包装展开设计的实施。除了这些以外，产品商标、企业标识、相关符号等也应提前准备完成。

③ 设计的具体化表现。通过计算机对各种元素进行组合排列，设计出接近实际效果的方案。

④ 设计方案稿提案。将设计完成的方案进行色彩打印输出。初步的设计提案表现出主要展示面的效果即可，并以平面效果图的形式向设计策划部门进行提案说明。根据产品开发、销售策划等依据，筛选出较为理想的部分方案，并提出具体的修改意见。这种方案稿提案可能需要经过几次反复修改。

⑤ 立体效果稿提案。对最终筛选出来的部分设计方案进行展开设计，并制作成实际尺寸的彩色立体效果，从而更加接近实际成品。设计师可以通过立体效果来检验设计的实际效果，以及包装结构上的不足。经过完善后的立体效果稿再次向设计策划部门进行提案。

⑥ 可实施方案的确定。从所有可行性方案中，选择和发展一至两个最接近设计要求的方案，并加上一些必要的说明，然后提请委托单位审定。

四、掌握包装装潢设计的一般标准

- 名词术语：包装防护方法与技术术语

关于包装装潢的设计，在国外有所谓"SAFE"的设计观。"safe"本来是"安全"的意思，在这里则是四个英文单词的缩写："S"代表"simple"，意思是"简洁"；"A"代表"aesthetic"，意思是"美观"；"F"代表"function"，意思是"实用"；"E"代表"economic"，意思是"经济"。四者共同组成了这种设计观的四项评估标准。由此可见，装潢设计不是孤立进行的，它与商品的生产者、销售者和消费者密切相关并为他们服务，同时也被社会各方面的条件和要求所制约。我们开始进行装潢设计的构思时，就要考虑到与各相关方面的关系。为此，特根据我国国情提出包装装潢设计的三项评估标准，即群众性、销售性与文化性。

1. 群众性

任何一类商品及包装都应拥有它们的群众，即消费群，并且要不断地寻找和扩大消费群。如果不能拥有并扩大消费群，这类商品及包装便会受到市场的冷落，最后从货架上销声匿迹。而包装的设计者要使自己的作品具有群众性，就应认真地替消费者着想，使包装成为消费者使用商品的得力助手和高明顾问，以更好地为消费群服务。包装装潢包括说明商品的性能、表现商品的特色、指导对商品的使用等。商品的包装装潢不但要对直接使用商品的消费者服务，而且要对整个社会负责，要有利于人们思想道德水平的提高和精神、物质环境的净化。这些都是我们在进行装潢设计构思时所应首先考虑的（图 4-23）。

图 4-23 饼干包装　沈卓娅拍摄

模块四　方案设计与表现形式

图 4-24 沐浴和护体系列产品包装　Kevin Furst Design 工作室设计

这款沐浴和护体产品的市场目标定位是年轻的男性。为了吸引男性消费者的注意，包装选定了更衣室作为设计主题，视觉形象则选取了铁皮柜进行延展。

2．销售性

如果说群众性是针对消费者而言的，那么销售性针对的就是商品的生产者和销售者。销售性与群众性有统一的一面，这是因为商品与消费群是其竞争力的源泉。对消费者没有使用价值的商品谈不上销售，更谈不上竞争，只有消费者需要的商品才有可能进入市场参与销售和竞争。但是，销售性又有自己的特殊要求。这是由于消费者所需要的商品并不一定为消费者所了解和熟悉，这就需要进行宣传和推广。因此，商品的包装装潢就应承担起"无声推销员"的职责，在消费者的心目中建立起商品的形象，显示商品的性能和特色，引起消费者的注意，使消费者产生或增强购买的欲望，以达到促销的目的，并最终实现商品的价值。这就是我们在包装装潢设计中所应考虑的销售性（图 4-24）。

与此同时，在包装装潢设计中还要有经济观念。为了使商品在众多同类中具有竞争力，设计就不能忽视一个重要因素——生产成本。因此在进行装潢设计的构思时，就应考虑到包装装潢材料的价格高低、制作工艺的简繁、生产投入的多寡，以及批量生产等方面的问题，做到以尽可能低的费用满足尽可能多的要求。这也是销售性所包含的重要内容。

3．文化性

随着商品品种的日益丰富，消费者不仅要求商品有更好的质量，而且对包装装潢所烘托、酝酿出来的心理价值也有更高的要求。因此，在进行装潢设计的构思时，不但要考虑消费者的物质需求，还要考虑消费者的精神需求，要使包装散发出一定的文化气息，具有一定的艺术感染力。这就是包装的文化性。

包装装潢的文化性是以群众性与销售性为前提的。文化性必须为消费群所接受，并有利于销售。这就是包装装潢设计与纯艺术创作的区别所在。如果一味地去追求"文化效果"，即使获得了再多的奖项，也不是一个好的包装，只能作为一件纯粹的艺术品供人们欣赏，或作为一种"前卫"设计的实例来供人们研讨（图4-25）。

总之，一个好的包装装潢应该是群众性、销售性与文化性的高度结合，既要通过包装装潢来拓展潜在的消费需求，增加商品本身的附加值，又要通过文化的传播，引导群众提高审美的修养，只有这样才能真正体现出包装装潢的价值。

五、促进销售包装的设计技巧

- 教学案例："博为杯"包装设计比赛

商品包装装潢设计的终极目标是销售，并使商品安全、无损地到达消费者手中，同时为消费者在携带及使用过程提供一定的便利性。因此，在谈到如何提高促进销售包装的设计技巧时，又需要回到对包装设计三大功能的基本理解上。这是我们学习包装装潢设计最核心的问题，也是最容易被初学者所忽略的方面。

1. 保护性设计技巧的体现

包装中的保护性功能可以从结构和包装材料两方面加以思考，以便于商品能完好无损地到达消费者手中。

（1）结构上的保护

包装最重要的功能就是保护性。如果盛装的商品被损坏，那包装就全无意义了。因此，从包装结构方面来说，它虽不要求像计算建筑结构那样复杂，但也必须考虑载重量、抗压力、振动、跌落等多方面的力学情况，考虑是否符合保护商品的科学性。也就是说，用何种结构、配合何种材料使所包装的商品安全地到达消费者手中。

当一个包装盒在容纳一组商品时，为了防止商品与商品之间的冲撞，通常采用内衬，如间壁、托盘，或特定的卡口加以固定，还可以采用特殊的封口方式，以加强对内容物的保护。试想一下，一盒曲奇饼，如果没有吸塑托盘来分隔、托垫，那么稍有一些倾斜，曲奇饼在盒中就会乱作一团；如果放置得紧密而不留空隙，曲奇饼又会因相互挤压而断碎，从而影响商品形象，降低了消费者对品牌的信赖。因此，托盘这看似不起眼的小结构，实际上却立下了汗马功劳。

图4-25 "Tea forte" 茶包装　How Design 公司设计

如果采用间壁结构处理的话，间壁可以是纸盒自身的一部分折曲，用作分隔的壁面，也可以是另外可插装的纸板。还有的包装是直接在一张纸上进行结构处理，将成打的商品组合在一起，如啤酒或饮料（图4-26）。

（2）包装材料上的保护

设计时需要考虑包装材料对水分、气体、光、热、芳香等的遮断，并防止有害物质、微生物、尘埃的侵入，以及虫、鼠的危害，还要起到缓解冲击、振动的作用，并能承受堆积的压力等。另外，还要有耐药品性、耐热性、耐寒性，以防止商品劣化、老化，保证商品尺寸的稳定性要求等。当然，还有材料自身的安全性和环保方面的要求。如果不能有效地保护商品，那么包装也就失去了它应有的意义。因此，人们又将包装称为"无声的卫士"。

2. 销售性设计技巧的体现

销售性功能是包装设计的三大功能之一。包装传递着商品的信息，因此它又被称为无声的销售员。可它又是一种被动的媒介。因此，我们必须建立商品包装和消费者之间的联系。这可以从强化视觉存在及创造独特的外形结构两方面来着手。

（1）强化视觉存在

"我们生活在一个需要大声喊叫的时代。包装供应商必须要推出有影响力的、能成为一个购买原因的展示包装。价格当然是有效的，但是必须要另外做点什么。"这是全球领先的著名咨询机构纽约Sterling集团的CEO西蒙·威廉姆斯（Simon Williams）说过的一段话。但在琳琅满目的货架上，单纯地大喊大叫也是不行的。因此，需要有策略地寻找视觉的差异化呈现（图4-27）。

（2）独特的外形结构

随着百货公司和超级市场的不断发展，包装的任务已不仅局限于盛放、保护商品，还必须有优良的展示效果，以适应市场竞争的要求。包装盒的结构设计为了使人们知

- 教学录像：视觉设计与包装结构
- 演示文稿：视觉设计与包装结构

图4-26 蜡烛、香精油组盒装　Ana Moriset，Matias Cageao 设计

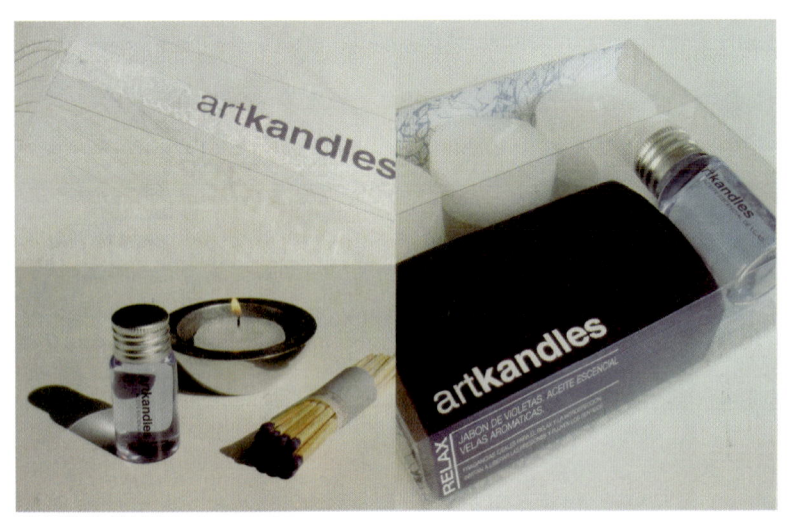

图4-27 彩笔与铅笔包装　Anne van Aekel 设计

这款包装设计充分利用开窗盒的优势，在画面上添加机器人和神话中的怪兽形象，并以插画的手法表现，使包装充满了艺术感，也增强了视觉乐趣。

道里面的内容，常用的表现方法是把纸盒的一部分开窗，让消费者能直接看到里面的实物。这种做法从某种意义上来说要比照片印刷更吸引消费者。展示结构的另一种处理方法，就是在纸盒的摇盖上根据画面的特点压切线。压切线的两端连接横于盒面中的折叠线。当盒盖关闭时，盒面是平的，便于装箱储运；打开盒盖，从折叠线处折转，并把盒子的舌口插入盒子内侧，盒面图案便显示出来，与盒内商品互相衬托，具有良好的展示和装饰效果。另外，还有一种被称作"悬挂式"结构的包装。这种包装结构有效地利用货架的空间以陈列、展销商品。如小五金、文具用品、洗涤用品、小食品等，通常以吊钩、吊带等结构形式出现。

现在，较多地用于化妆品等包装设计的塑料管包装只是在管盖的结构、形状上进行一些处理，使它能很稳地放在台面上，起到直立座的作用，有效地发挥了展示效果。这种结构处理，也便于在使用过程中较容易地挤出内容物。

3. 便利性设计技巧的体现

设计要考虑消费者的实际需要，因此必须注意两点。第一是便携性，这就要有手提搬运的形态和构造，如较大的包装，酒、点心盒，电热水瓶等，都在纸盒结构设计上采用提携式的形式。第二是便于启闭，例如饮料罐一般都用易开装置，这已成为这种包装的标准化开罐方式；又如小食品袋的封口边上有一个或一排撕裂口，撕裂口虽然非常不起眼，但却为消费者提供了极大的方便；还有洗发水、沐浴液等日用品的容器，以按压式结构代替旋动开启的瓶盖，这种结构改变了液体流出的方式，从而减去了以前使用时必须两只手同时工作和因手滑而产生的不便。类似这些便利性结构的好例子在日常生活中还有很多。

另外，在运输上要便于搬运和装卸。输送有两种方式，一种是从工厂运出来的大量输送，另一种是从零售商店搬运到家里的小量输送。在大量输送上，包装必须具备两个重要条件。一个是形状必须合理，如正方体和长方体是最容易实现合理性的形状。它们可以毫无缝隙地填满运输空间，同时上下堆积重叠也不会滑落。以运输包装为目的的瓦楞纸箱大多采用这种形态。除上述两种外，其他断面呈三角形，如平行四边形、各种柱形体等，也是适用的。另一个重要条件是，在大批量运输时包装应尽可能节约所占的空间。例如空纸盒如果不能折成板状的话，就会给运输带来麻烦。节约空间的最好办法是将包装空纸盒折叠成板状，而且所成的板状轮廓不宜复杂，越近似矩形，越易于捆扎搬运。在小量输送方面，以便于携带为最佳。

其次，在废弃的时候便于回收和清理。使用上便于开封、保存和再利用。

最后，材料上要适于机械加工，要有适当的抗拉强度、抗裂强度和伸延强度等。还要适于印刷，要有相当的耐磨性，要保证印刷的精度等（图4-28）。

上述结合包装设计三大功能的设计技巧，要求设计师充分理解商品的销售策略，并综合运用这些技巧，才能显现出包装的力量，从而促进商品的销售（图4-29）。

- 文献资料：服饰类产品包装与国际货运注意事项
- 文献资料：数码类产品包装及发货注意事项
- 名词术语：包装防护方法与技术术语
- 文献资料：欧盟环保标准

图 4-28 酒包装　法国 Dragon Rouge 设计

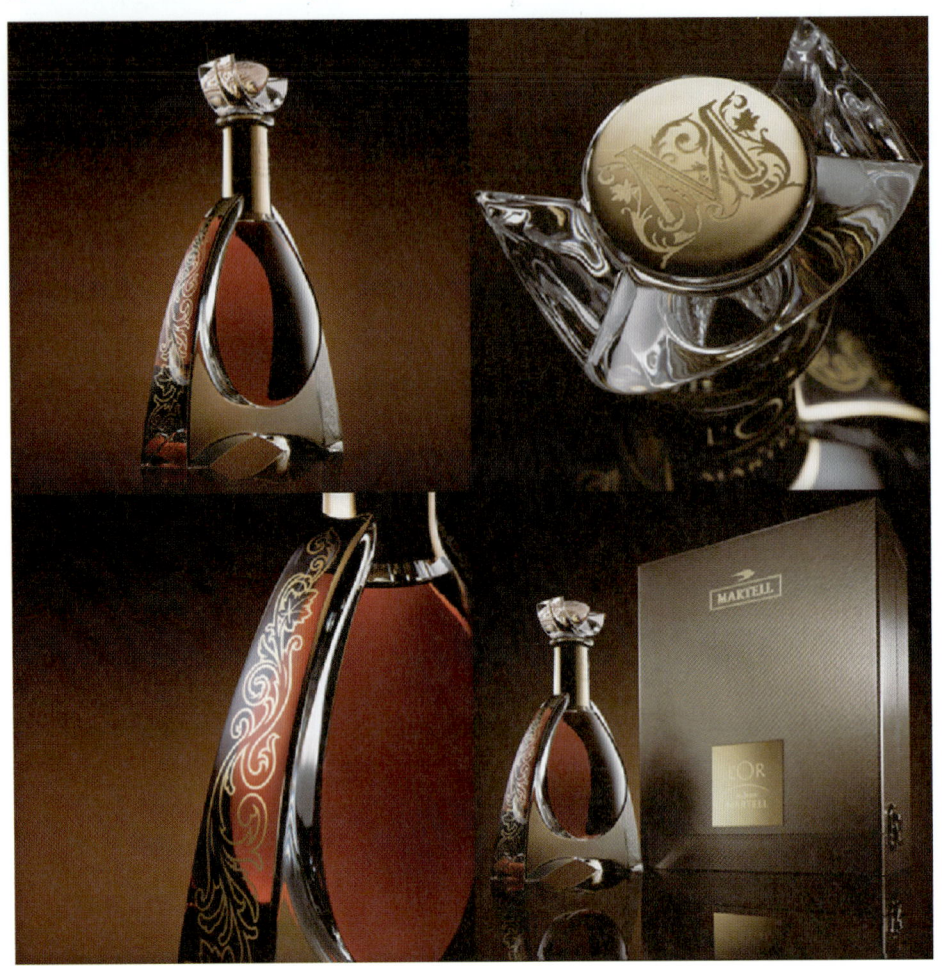

图 4-29 水果酱包装
Turner Duckworth 设计

4-3 拓展与提高

一、包装容器造型的设计要求

世界上的物质基本处于三种状态，即液体状态、固体状态和气体状态。我们日常广泛应用的物品大多是固体状态和液体状态。盛装这些商品的容器材质不同、造型不同。对这些容器的造型进行科学、合理的设计是包装设计的重要内容之一。

1．包装容器与空间的关系

容器除了本身所应有的容量空间外，还有组合空间和环境空间。容量空间依据所包装的内容物而定；组合空间是容器与容器相互排列所产生的空间；环境空间则是容器本身的形体与周围环境所形成的空间。特别是组合空间，它要求容器在货架陈列时，可以有一个较为理想的视觉效果。因此，在容器造型设计时，不能只孤立地考虑容器的形体线形和形体上的装饰纹样，还必须考虑容量空间、组合空间和环境空间之间的关系（图4-30）。

2．包装容器与形体的变化

包装容器造型的线形和比例，是决定形体美不可缺少的重要因素，而容器造型的变化手法则是强化容器造型设计个性的必要手段。

- 教学案例：案例分析（包装形象）

图 4-30 葡萄酒包装　Voice 设计工作室设计

（1）线形

从立体造型来说，形就是体，体也就是形，不存在线的概念。而在图纸上借助线来表现形体时，线就成为表达形体特征的一种手段。设计者正是运用这个手段来设计容器造型的。

有的容器从口部到底部是由一条连贯而变化比较微妙的曲线组成，其中每一部分线形的曲度也不完全相同，它们或是接近直线的微曲线，或是弧度较大的曲线。有的造型在口、颈部分用较短的直线，更加突出了造型饱满圆浑的特点，同时结构明确。有的造型看起来整体都是以直线组成，但只在口、底等关键的细部，用很短的曲线加以处理。这种长短的对比线形，在容器造型的设计中往往起着重要的作用（图4-31）。

（2）比例

比例是指容器各部分之间的尺寸关系，包括上下、左右、主体和附件、整体与局部之间的尺寸关系。容器的各个组成部分（如瓶的口、颈、肩、腰、腹、底）比例的恰当安排，能直接体现出容器造型的形体美。确定比例的根据是体积容量、功能效用和视觉效果。

• 教学案例：化妆品设计参考

容量大的酒瓶，腰、腹部的比例自然要大些，否则达不到应有的容积；化妆品中的营养霜，容量多在20 g左右，瓶型必然是瓶器小、口径大、瓶身浅的比例关系；用于盛装液体的容器，如油、酒等瓶型的口颈比较小，是为了便于堵盖，而使盛装的液体不易溢出，同时取用倾倒时能够控制流量。

（3）变化

包装容器的造型变化是表现独特个性和别样情趣的重要方法，不仅增强了包装设计的魅力，还催生出消费者的潜在购买欲望。容器造型上的变化手法有很多种，这些变化手法不仅适用于器身，还适用于顶盖。

• 教学案例：案例分析改良类

① 切削：对基本形加以局部切削，使造型产生面的变化。由于切削的部位、大小、数量、弧度不同，容器的造型可以千变万化。但在切削的过程中，要充分运用形式美的原则，既讲究面的对比效果，又追求整体的统一，才不会使容器显得零乱琐碎（图4-32）。

图4-31 "blat advanced vodka" 酒容器 Peter Schmidt Group 工作室设计

图4-32 "Pascual Seleccion" 果汁 In Spirit Design 设计

这款瓶型设计采用切削的形式，模拟日常生活中水果被咬掉的常见形态，加上装在透明玻璃瓶里的果汁，充分显示了产品的新鲜特质。

图 4-33 日用品包装 Lavernia & Cienfuegos 设计　　图 4-34 香水容器造型　沈卓娅拍摄

② 空缺：对容器的造型，或根据便于携带、提取的需求，或单纯为了视觉效果上的独特而进行虚空间的处理。空缺的部位可在器身正中，也可在器身一边，可大可小。但空缺部分的形状要单纯，一般以一个空缺为宜，要避免为了追求视觉效果而忽略容积的问题。如果是功能上所需的空缺，应符合人体的合理尺度。

③ 凹凸：在容器上进行局部的凹凸变化，可以在一定的光影作用下产生特殊的视觉效果，但凹凸程度应与整个容器相协调。凹凸的变化手法，可以通过在容器上施以与其风格相宜的线饰，以求增强容器造型的装饰特点，产生良好的视觉效果；也可以通过规则或不规则的肌理，在容器的整体或局部上产生面的变化，使容器出现不同质感、光影的对比效果，以求增强其表面的立体感。

④ 变异：变异是相对于常规的均齐、规则的造型而言的。变异的变化幅度较大，可以在基本形的基础上进行弯曲、倾斜、扭动或其他反均齐的造型变化。此类容器一般加工成本较高，因此多用于高档的商品包装（图 4-33）。

⑤ 拟形：拟形是一种模拟的造型处理手法。通过对物体的写实模拟或意象模拟，取得较强的趣味性和生动的艺术效果，以增强容器自身的展示性（图 4-34）。

⑥ 配饰：可以通过配饰与容器的材质、形式所产生的对比来强化设计的个性，使容器造型设计更趋于风格化。配饰的处理可以根据容器的造型，采用绳带结扎、吊牌垂挂、饰物镶嵌等。但要注意，配饰只能起到衬托、点缀的作用，不能因过于烦琐而喧宾夺主，影响了容器主体的完整性。

在使用以上任何一种变化手法时，都必须考虑到生产加工上的可行性。因为复杂的造型会使开模具有一定的难度，而过于起伏或过急转折的造型同样会令开模变得困难，造成废品率的增加，产生不必要的成本。同时还必须注意到材料对造型的特殊要求（图 4-35）。

赵锐颖同学在设计此款容器造型时，仍然延续"阿玛尼"骑士香水以男士霸气身段为主线的设计思路。图 4-35 右图展示了设计之初的头脑风暴，选取了几个关键词：肌肉、男士、身躯、骑士、盔甲。沿着这个思路，在瓶身设计上主要以男士刚硬的身躯为理念，通过直线的组合方式勾画草图方案。在这个过程中想到了古代士兵和他们身

模块四　方案设计与表现形式

图 4-35 "阿玛尼"骑士香水容器造型　赵锐颖设计　沈卓娅、陈阳指导　　　"阿玛尼"骑士香水容器的头脑风暴图

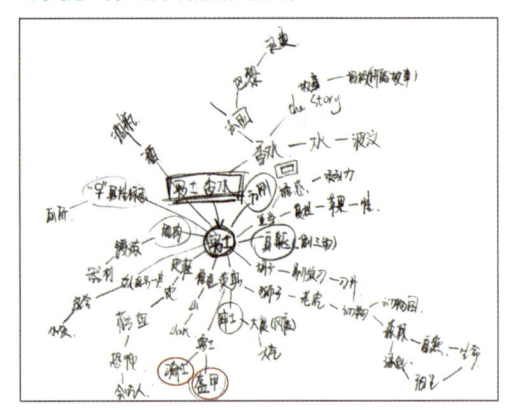

"阿玛尼"骑士香水一向以精致、优雅、华贵的男士霸气身段为设计主轴，它用凝练的一句话概括了高级定制时装的本质：带给男性一切他们所想要的。

上所穿的盔甲。因此，盔甲的金属质感和男性躯体的直线就成为容器造型的重要视觉语言。图 4-36 展示的草图就是这种构思的视觉呈现。在简单的透明玻璃材质的外面采用局部包裹金属材料的方法，好似给香水瓶穿上坚硬的盔甲。其中由于瓶身玻璃和金属反射出不同的光泽效果，让瓶身看起来分外特别和高贵。在颜色方面使用了偏暖的金属铜和透明玻璃的搭配，给人一种复古之感。

图 4-36 "阿玛尼"骑士香水容器的草图

图4-37 护肤品 Concrete 设计工作室

3. 包装容器与材料的应用

材料对容器的造型起着举足轻重的作用。我们所设计的任何一款造型都必须通过材料来体现，也就是说，容器的造型是依靠材料来实现的。材料不仅能促进包装功能和容器造型的发展，也给容器造型带来了丰富多彩的风格和情趣。因此应根据不同的造型要求，选择相适应的材料或根据材料本身的特性来设计造型。

以陶瓷瓶为例。为了制模和成型工艺的方便，造型的形体变化不能过于复杂；陶瓷是"火的艺术"，所以容器造型的线条都贯穿着力的流动；再加上釉的结晶质感，能显出圆浑、古朴、光洁的效果，极具民族特色。与陶瓷瓶相比，玻璃瓶因为是用钢模吹制，在容器的线形、比例及变化手法上更容易有较大的发挥。

再如金属罐，受到工艺上的限制，只能是直上直下的圆筒，顶部的拉环装置替代了传统的瓶盖。而塑料容器则因为塑料的可塑性，可以实现相对多变的形态，造型手法也比其他材料更为灵活（图4-37）。

还有复合纸器。纸容器也同样会因材料的特性而形成其特有的造型特点。这种容器大多是由一张纸经过切压、折叠而成，所以，呈现出来的造型也多为有棱角的方体或柱体。

4. 包装容器与人体工学

手是直接接触容器的，这就使包装还需要考虑触觉因素——如何在使用时觉得舒服。其中就牵涉到人体工学的问题。虽然在包装容器造型设计中，这个问题并不像其他元素表现得那么突出，但也不能忽略其在容器造型设计中的作用。

包装容器中的人体工学只限于手。手与容器产生关系的动作主要有以下四种：把握动作——开启、移动、摇动；支持的动作——支托；加压的动作——挤压；触摸的动作——探摸、抚摸。凡是手所接触到的容器的部位，都必须考虑到手幅的宽度和手的动作，这就需要依据手部的测量参数。

容器的直径是依所要盛装的容量决定的，但最小不应小于2.5cm（特殊用途的容器除外）。当最大直径超过9 cm时，容器就容易从手中滑落，有时还会扭伤手指或手腕。

- 教学案例：食品饮料包装参考

- 常见问题：常见问题/学包装装潢设计的同学为什么要学习制作包装手样模型？

模块四 方案设计与表现形式

图 4-38 包装容器与手的尺寸图

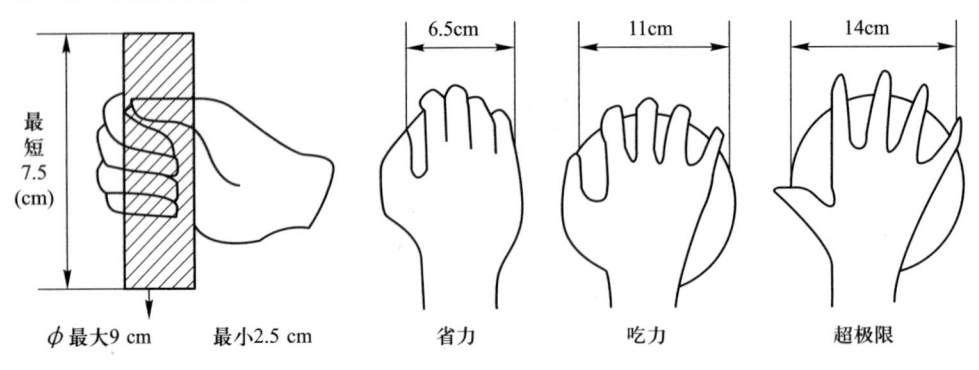

因此，如果容器的直径超过手所能承受的范围，就要考虑在容器的适当部位留有手握的地方，以便于拿取容器和开启旋拧盖。只有直径适中，才能发挥出容器的最大效用（图 4-38）。

容器有各种尺度的旋拧盖。在设计这些旋拧盖时，首先要考虑手掌及指尖的抓握运动，其次还要考虑旋拧盖的形状和大小，以及手指出力的力度，这些都直接影响旋拧盖开启的难易。

5. 包装容器与视错觉的应用

视错觉是由于某些原因引起的对客观事物的不正确的感知，它受到生理因素、心理因素、环境干扰因素的影响。因此在设计时，就要有针对性地对容器造型进行修正，抵消视错觉所造成的不利影响，以达到预期的设计目的。

常见的视错觉现象及其矫正的方法有以下几种。

① 直立圆柱体的中部易看成内凹。为此，圆柱体中部需稍向外凸，方显充实挺拔。

② 平面或罐、瓶的顶部易看成下陷。故而需要将顶部稍向上凸，形体方显结实、丰满。

③ 同样长度的形体，细者显长，粗者显短。将容器的腹部最饱满处偏上并向下过渡到直线，形体会显得有力。

④ 同一形体，上下大小一样则显上大下小，适当缩小上半部则显上下相当。

二、纸盒结构设计

包装结构设计似乎离我们十分遥远、陌生。其实不然，包装结构每时每刻都存在于我们身边。当我们购买商品、使用物品时，就会享受到结构带给我们的好处。只是这些结构我们已非常熟悉，以至于习以为常、熟视无睹。

例如，当我们购买稍大或稍重的商品时，商品的包装盒上都会有一个由纸盒本身延长而相互锁扣而成的提手，或附加一个塑料材质的提手，以便我们一只手就可以把商品提走。试想，如果没有附加提手这个结构，搬运过程就会很麻烦。

概括地说，将基本的材料通过合理的设计，进行符合目的的加工，做好保护内容物的工作，同时也要考虑到便利、经济和展示等设计要求，使结构发挥最大效用，才是纸盒结构设计的意义所在。

日常生活中，纸盒结构的包装形式最为常见。这是因为纸材轻便、易于加工，而

- 教学录像：包装功能与结构造型
- 演示文稿：包装功能与结构造型/包装功能与结构造型
- 习题作业：基础盒形制作
- 常见问题：常见问题/标准盒形的长宽高如何界定？
- 文献资料：纸品创意设计
- 名词术语：纸品包装设计中的基本术语

且可与其他材料复合使用，从而更扩大了应用范围。通过结构设计、绘图、排刀、切压、折叠、粘合等工艺成型，纸材可以较自由地变化出各种所需的款式，而那些切压、折叠、粘合的部分就决定了纸盒的基本造型。材质适应多种印刷技术，能够有效地美化纸盒的外观。在销售过程中，也易于运输和携带。使用完毕后，也较其他材料更易处理（图4-39）。

我们日常所接触到的纸盒包装，不但造型大小不一，而且种类繁多，琳琅满目。如果将各种各样的纸盒集中起来，大致可分为成品不能折叠压放的硬纸盒和成品可折叠压放的折叠纸盒两大类。在进行纸盒结构设计时，一般习惯于按照纸盒的构造方法与结构特点进行细分，从中寻找到一些基本的结构变化方式。

1. 盒体结构

盒体结构的变化直接从外观上决定了纸盒的造型特点和设计个性。因此，在设计中，盒体的变化就显得格外突出。盒体结构的主要形式分为直筒式和托盘式两大类。直筒式的最大特点是纸盒呈筒状，盒体只有一个粘贴口，可形成套筒用以组合、固定两个或两个以上的套装盒；或由盒体两头的面延伸出所需要的底、盖结构。而托盘式结构的纸盒呈盘状，结构形式是在盒底的几个边向上延伸出盒体的几个面及盒盖，盒体可选用不同的栓结形式锁口或粘合，使盒体固定成型（图4-40）。

这两大类中又有多种变化形式。以下将要介绍的七种盒体结构的变化形式，既可以通过直筒式结构表现，又可以采用托盘式结构体现，这主要视所包装商品的大小、轻重、形状等因素及便于纸盒成型而定。

（1）摇盖盒

摇盖盒是结构最简单、使用最多的一种包装盒。盒身、盒盖、盒底皆为一板成型，盒盖摇下盖住盒口，两侧有摇翼。盒底的结构可参考下文介绍的"盒底结构"来选择

图4-39 巧克力包装　胡信川拍摄

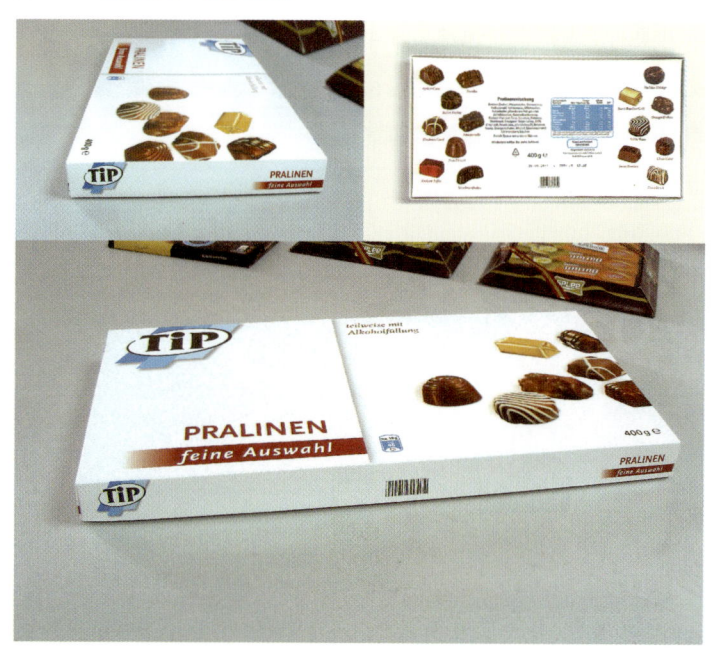

图4-40 左为直立盒，右为托盘盒　学生作业

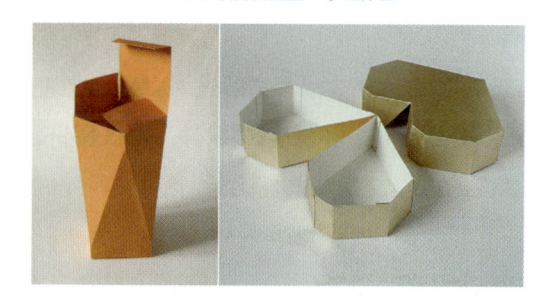

模块四　方案设计与表现形式

图 4-41 摇盖盒　学生作业 　　　图 4-42 套盖盒　学生作业

合适的形式。它所使用的纸料基本上是长方形或正方形,因此是最合乎经济原则的盒体结构(图 4-41)。

(2)套盖盒

套盖盒又称天地盖,即盒盖(天)与盒身(地)分开,互不相连,以套扣形式封闭内容物。虽然套盖盒与摇盖盒相比在加工上要复杂些,但在装置商品及保护效用上要更理想。从外观上看,套盖盒给人以厚重、高档感,因此多用于高档商品及礼盒(图 4-42)。

图 4-43 开窗盒　学生作业

(3)开窗盒

开窗盒的最大特点是将内容物或内包装直接展示出来,给消费者以真实可信的视觉信息。开窗的形式有局部开敞、盒面开敞、盒盖开敞等,主要根据商品具体情况而定。开窗处的里面贴上 PVC 透明胶片以保护商品。进行开窗设计时有两个原则必须遵守:一是开窗的大小要考究,开得太大会影响盒子的牢固,太小则不能看清商品;二是开窗的形状要美观,如果切割线过于繁杂,反而会使画面显得琐碎(图 4-43)。

(4)手提盒

手提盒是由手提袋的启示发展出来的,其目的是方便消费者提携。这种盒形大多以礼品盒形式出现或用于体积较大的商品。提携部分可与盒身一板成型,利用盖和侧面的延长相互锁扣而成;也可附加塑料、纸材、绳索用作提手,或利用附加的间壁结构;也可利用商品本身的提手伸出盒外(图 4-44)。

图 4-44 手提姐妹盒　学生作业

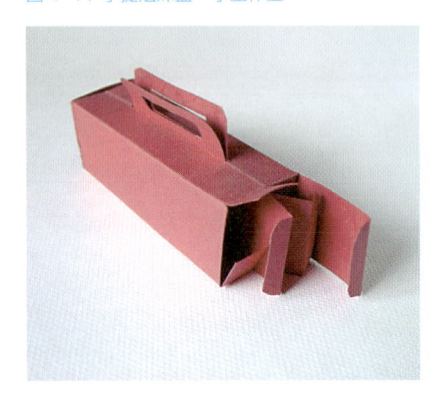

图4-45 趣味盒　学生作业

（5）姐妹盒

在一张纸上设计制作出两个或两个以上相同的纸盒结构，组合连接在一起，构成一个整体，同时每个纸盒结构又是独立的包装单位。这种纸盒结构适宜盛装系列套装小商品，如糖果、手帕、袜子、香水等。

（6）趣味盒

前面五种纸盒结构多以六面体形象出现，而趣味盒则是在此基础上变化、发展形成的极具特色的结构形式。它或以抽象形的变化出现，如盒身边线由直线变成弧线；或以具象形的变化出现，如仿照物体的形态来进行造型设计，包括动物、植物和其他物体。由于趣味盒新颖多姿，增加了消费者尤其是青少年和儿童在选购商品时的乐趣（图4-45）。

很多情况下，盒体的六种变化方式并不是以单一的方式出现，而是两种或三种方式的组合，如一个盒体既可开窗又可手提，同时还是姐妹盒。因此，纸盒结构设计一定不能机械地框定在某一种变化方式内，而应该根据需要灵活地处理。

2．间壁结构

- 文献资料：纸盒结构参考资料

这种结构通过隔离各类易于破损的商品，能起到保护作用。例如，陶瓷、玻璃类的包装以防破损为主要目的，那么间壁结构就能有效地缓冲碰、撞、摔等不良行为。同时，对于有数量限制的商品，这种纸盒也可以做出有条理的安排，如糕点和其他食品组装时，间壁起到了固定商品位置的作用。间壁结构包装形式用于礼品包装时就显得更加重要了，一方面礼品大多为高档或较高档的商品，通过间壁结构可以得到有效的保护。同时，间壁结构可以提供一定的空间余地，更好地展示商品，给商品以"说话"的空间，从而提升商品的附加值。另一方面，有不少礼品包装是两种或两种以上的商品组合在一起，个体商品的质感、尺寸、外形各不相同，通过间壁结构的协调，不同的商品之间会产生一种内在的默契。另外，间壁的纸板还可以与纺织品等材料配合出现，能达到提高档次的要求。

模块四　方案设计与表现形式

图 4-46 自成间壁盒　学生作业

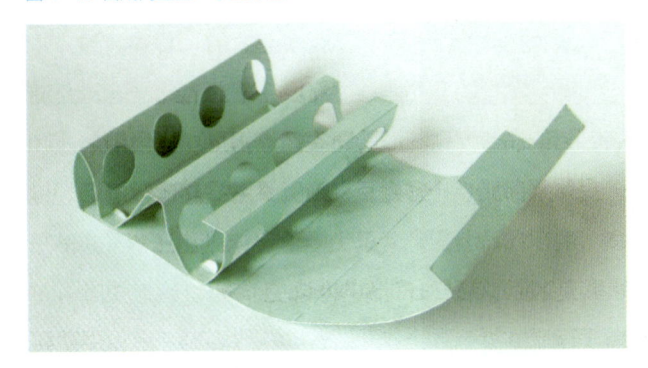

　　为了适应不同的商品及不同数量、排列的要求，而演化出多种间壁结构形式，但总括起来可分为盒面延长自成间壁的形式和附加间壁装置的形式。

　　通过合理排列，盒子与内衬垫间以一纸成型，减少附件，有效地保护商品。这种把运输包装与销售包装结合在一起的结构设计是很有发展前途的（图 4-46）。

　　3．盒底结构

　　在整体设计纸盒结构的同时，盒底部分的结构设计是值得重视的。底部是承受重量、抗压、振动、跌落等影响时作用最大的部分。所以，在进行结构设计时，精心设计盒底结构，可以为成功的包装设计打好基础。根据包装商品的性能、大小、重量，正确地设计和选用不同的盒底结构是相当重要的一步。以下介绍几种运用纸板相扣锁、粘合等方法，使盒底牢固地封口、成型的结构。

　　（1）插口封底式

　　插口封底式结构一般只能包装小型产品，盒底只能承受一般的重量，其特点是简单方便，已被广泛应用在普通的产品包装中。根据测试数据，采用插口封底式结构，盒底面积越大，负荷量越小。因此，在设计大的包装时要加以注意，一般可以在插舌或摇翼部分做些改良，不但能加强盒子的挺刮程度，还能增加一定的载重量。

　　（2）粘合封底式

　　粘合封底式结构一般只能用于机械包装。这种在盒底的两翼互相由胶水粘合的封底结构，用料省，耐用，能承受较重的分量，包装粉末产品时可防止粉末漏出，常见的洗衣粉盒就是这种结构。

　　（3）折叠封底式

　　折叠封底式结构是将纸盒底部的摇翼部分设计成几何图形，通过折叠组成各种有机的图案。这种结构特点是造型图案优美，可作为礼品性商品包装。由于结构是互相衔接的，折叠封底式一般不能承受过重的分量。

　　（4）锁底式

　　锁底式结构是将盒底的四个摇翼部分设计成互相咬口的形式，广泛地应用在各种中小型瓶装产品中。使用这种锁底结构时，若盒底面积窄长，可在盒底的两摇翼上做点改动，如增加两个小翼就能增加纸盒载重量。

　　（5）自动锁底式

　　自动锁底式结构是在锁底式结构的基础上变化而来。盒底经过少量的粘贴，在成

图 4-47 五种盒底结构

型时只要张开原来叠平的盒身，便能使其成型，盒底自动锁盒（图 4-47）。

将合理设计的盒底结构与盒体的造型有机地联系起来，就能形成较为完美的纸盒。当然，我们必须根据包装商品的实际情况，灵活选择结构的形式，以适应各种商品的不同需要。

三、常用的包装材料

1. 纸

纸在包装材料中占有很重要的地位，这是因为纸具有以下特点：① 原材料来源丰富，价格较金属、塑料、棉麻织品、玻璃、陶瓷等包装材料低。② 重量轻，可折叠，能降低包装成本及运输费用，并有一定的刚性和抗压强度，弹性良好，有一定的缓冲作用。③ 纸的质地细腻、均匀、洁白、柔软，印刷装潢性好，易于加工成型，结构多样，适宜自动化、机械化的生产。④ 无味、无毒、卫生，且较其他包装材料更易于使用后的处理，减少对环境的污染（图 4-48）。

但同时，纸也有缺点：① 阻隔性低，耐水性差。纸是多孔质材料，是有无数微小空隙的构造体，气体、液体等容易渗入纸层内，纤维本身也有吸湿性，会因外部气候条件而变化，特别容易受湿度的影响。② 强度较低，尤其是湿强度低。但通过与其他包装材料复合、组合使用，可在一定程度上获得改善。虽然纸有缺陷，可至今还没有发现取代它的包装新材料，所以，纸依然为现代生活与生产所必需。

一般说来，200g/m² 以下称纸，200g/m² 以上称纸板。包装用纸可分为包装纸、纸板和纸容器。

2. 塑料

塑料作为一种新型包装材料，在包装材料中的比例也在逐年增长，在不少国家

图 4-48 "高耸的意大利面"
Alex Creamer 设计

这项获奖设计以全新的方式运用了线条造型。容器底部设计成与产品将要显现出来的造型相同的形状，当意大利面装进盒子后，再次打开盒盖便形成高耸的建筑物形状，为产品增添了许多情趣。

模块四 方案设计与表现形式

已达到仅次于纸类包装材料的水平。塑料的种类有 300 多种，常用的有几十种，通常依据对热的反应性而分为两大类：① 热塑性塑料，有加热变软、冷却变硬的性质。② 热固性塑料，加热时先变软，不久变硬，一旦凝固，其后再加热也不会变软。

塑料有以下优点：① 通常比金属、木材、玻璃等轻，透明，强度和韧性好，结实耐用。② 阻隔性良好，耐水、耐油。③ 化学稳定性优良，耐腐蚀。④ 成型加工性好，易热封和复合，可替代许多天然材料和传统材料。

塑料的缺点：一是耐热性不够高，温度升高后强度下降；二是刚性差，容易变形；三是在光、热、空气等因素的作用下，会出现质地发脆等老化现象；四是因添加剂起化学变化，有的塑料不宜作为食品包装；五是不能自然分解，对环境造成污染。

20 世纪 80 年代以来，塑料包装材料的"白色污染"问题开始引起注意。针对这个问题，国内外正从四个方面进行努力：① 合理设计塑料包装。② 积极开展塑料包装材料的回收再利用。③ 开展可分解塑料的技术研究。④ 推广代用材料，如以纸代塑等（图 4-49）。

3．木材

木材是一种天然的包装材料，稍作加工即可使用。通常的用法是制成木箱、木盒。

图 4-49 超市的食品包装　Scandinavian Design Lab 工作室设计

图 4-50 香水包装　松田泉设计

图 4-51 食用色素包装　Kolle Rebbe/KOREFE 设计

木材的优点为：① 材料容易取得。② 加工较简单，不需要大机械设备。③ 价格较低，可反复使用。④ 强度大，一般作为大型货物的包装，现在尚未有可取代木材的包装材料。⑤ 可依商品的内容自由做成所需的容积和形状。⑥ 耐冲击，而且韧性优良。

木材的缺点有：① 重量大于瓦楞纸箱，输送成本较高。② 木材材质不均匀，会引起强度不均匀。③ 木材一定会含有水分，对内容商品有不良影响，干燥后会收缩且变形。④ 虽可再使用，但解开很费事。

4．金属

现代金属包装起源于 100 多年前。1809 年法国人发明了食品罐藏法，1814 年英国人发明了马口铁罐，从而开创了现代金属包装的历史。现在，金属已成为不可缺少的包装材料。

金属容器从只能暂时存放物品，演变到今天的密封容器，成为食品长期保鲜的重要手段，使我们的生活发生了重要的变化。制罐的金属材料主要有电镀马口铁、无锡钢板、铝板、金属箔等。

第二次世界大战后，铝从军用转为民用，出现了新型材料——铝箔。铝箔作为包装材料有优良的适应性和经济性，取代了以往的铅箔、锡箔，成为点心或香烟的包装材料（图 4-50）。

5．玻璃

玻璃容器可以盛酒、油、饮料、调味品、化妆品等。玻璃的优点是：① 阻隔性优良，不透气、不透湿，可加色料，有紫外线屏蔽性。② 化学稳定性优良，耐腐蚀，不污染内装物，无毒无味。③ 耐压强度高，硬度高，耐热。④ 能制造各种规模，而且极具创意性，可以按照要求改变色彩、形状与透明度，既可以生产高级化妆品的容器瓶和豪华制品等，也可以生产廉价品。⑤ 可回收再用、再生，不会造成污染。玻璃的缺点是，容器自重与容量之比大，质脆易碎，能耗也较大。这些缺点限制了玻璃的应用。

玻璃容器的成型分使用模具成型和不使用模具成型两大类。按制造方法又可分人工吹制、机械吹制和挤压成型三种（图 4-51）。

模块四 方案设计与表现形式

6. 陶瓷

陶瓷是历史悠久的包装材料，自远古至今仍盛行不衰。如今一些著名的酒包装仍是以陶瓷做容器的。陶瓷可分为陶器、瓷器与炻（音"石"，shi）器三种。

釉是附着于陶瓷坯表面的类似玻璃的质层。细陶瓷制品通常要施釉，除了使制品具有装饰效果外，还能改善制品的强度和热稳定性等，从而对制品本身起一定的保护作用。

陶瓷的优点是：① 抗腐蚀能力强，能够抵抗氧化，抵抗酸碱、盐的侵蚀。② 耐火、耐热，有断热性。③ 物理强度高，可经受一定的压力而不至损坏。④ 化学性能稳定，成型后不会变形。陶瓷的缺点是：在外力撞击下容易破碎，笨重，尺寸精度不够高，不易回收。

7. 复合材料

纸、塑料、金属等单一材料总有各自的缺陷。比如金属材料，特别是像铝一类的金属不耐腐蚀，但是箔材的隔绝性（隔绝光、空气、水蒸气）却非常好；又如由高分子组成的聚乙烯树脂的最大优点是耐化学腐蚀，并可热封，加工方便，但其薄膜的隔绝性特别差，不能很好地保护被包装物。

因而，将两种或两种以上的材料通过一定方法加工复合，使其具有各自原材料的特性，以弥补单一材料的不足，这就是复合材料。复合材料的性能取决于基本材料的构成。一般来讲，复合层数越多，性能越好，但成本也随之增加。

模块五

正稿输出与成品制作

本模块知识点： 包装印刷工艺、正稿输出与成品制作

知识要求： 了解基本的印刷机械和熟悉各种印刷工艺

本模块技能点： 了解基础印刷工艺，了解包装设计与材料的关系，了解印前工作、正稿制作的流程

技能要求： 熟悉印前工作，掌握包装装潢的构图与视觉效果营造方法，正确掌握画稿制作、输出、喷画及印刷原理

建议课时： 8学时

本模块教学要求、教学设计及评价考核方法等详见"爱课程"网站相应课程资源。

5-1 任务描述

任务解析

本模块的任务重点是对设计方案做最后的细节修正,并通过输出打印的手段将其进行正稿实施,并制作为成品。在这个过程中需要学习相关的印前知识,包括工作要点及包装设计与印刷工艺、包装印后加工工艺、常用包装承印物的特性。

实训内容

① 配合印前要求修正设计方案。
② 确定打印正稿的准确性,如出血线、色标核查、色彩模式的转换、字体的转曲、尺寸大小的准确、精度的设定等。
③ 熟悉包装承印物的特性。

学习目标

学习印前工作技术,以利于设计方案的制作完成。

- 学习手册:学习手册

能力目标

尝试打印小样或者输出印刷菲林，确认印刷或打印的方法。学生需跟样、校对色彩及设计。熟悉印前工作的技巧和要求，以及打印中的基本要求，并正确地折叠纸盒。

任务展开

1. 活动情景

这是一个以制作为主的实践环节。在这个环节中，学生需要了解各种纸张采用的不同印刷、打印工艺，及产生的各种视觉效果，以此对包装装潢设计有更深、更全面的认识。

2. 任务要求

按照已定的设计思路对方案做最后修正，并完成成品制作。

3. 技能训练

掌握印前技术和打印要求。在成品的制作过程中，检查包装结构制图的准确度，总结经验。在整个正稿实施的过程中，熟悉包装的工艺、流程。

4. 工作步骤

① 检查设计方案中的文字、图形是否与要求相符。

② 正稿中图片的精度设置是否符合要求。

③ 按照规定要求制作正稿并打印后，折叠成品包装盒。

④ 书写设计说明。

考核重点

本任务的考核重点为设计方案与制作成品的吻合度。

5-2 基础知识

一、印前工作

设计稿完成后，在准备付诸印刷前还有一些工作程序，称为印前工作。为做好这项工作，必须掌握以下常规知识。

1. 尺寸计算

尺寸计算是针对印刷用纸而言的。在制作印刷正稿之前必须先对印刷用纸进行尺寸的计算，弄清两个问题：① 所选用纸的纸度为哪一种？② 印刷物的开数为多少？在此基础上完成的设计稿才能更符合印刷技术的要求。

（1）纸度

纸度是指整张纸的长、宽尺度。不同产地纸度的规格也不同。以平版纸为例，我国以大度 889 mm×1 194 mm 和正度 787 mm×1 092 mm 为多，还有一些特种纸的尺度为 795 mm×1 022 mm、720 mm×1 010 mm、700 mm×1 000 mm、640 mm×900 mm 等。在选纸时，应先以包装盒的成品尺寸为依据。

（2）开数

印刷用纸的单位面积以开数计算，即整张纸的几分之几。一整张纸裁开的小张越多，开数越大，小张纸的面积也就越小。如 32 开是整张（通常为 787mm×1 092mm）的 1/32，16 开即整张的 1/16，以此类推。常规开数按倍数依次翻番，如全开（整张纸）、对开（整张的 1/2）、4 开（整张的 1/4），以此类推；特殊的开数则有 3 开、6 开、9 开、12 开、24 开等。如果在设计上有特殊要求，也可以采用长 3 开或长 4 开，只是必须有能够配合此开数的印刷机器。开数处理得当，能够充分利用纸张，否则会造成浪费。有许多印刷物只是注意版面的需要而忽略了开数的规格，这对于印刷数量较大的印件极不合算。因此，纸张的计算应在最经济、最合理的情况下配合印刷物的需要。

在计算开数尺寸时，一定要根据拼版和印刷的要求扣除印刷机器咬纸的宽度，并将修边包括在内。因此，应将 787 mm×1 092 mm 的长边和宽边各扣除 30 mm，即为 757 mm×1 062 mm 的尺寸，然后再以此尺寸作为开数划分。

2. 图片扫描

通常情况下，包装装潢设计或多或少都会采用一些图片来配合创意，表达出一定的意念。因此在制作正稿之前必须对所需用的图片进行扫描，以保证画面的清晰度和精细度。

在数字成像领域，分辨率是最重要的概念之一，它的基本功能就是用来说明数字信息的数量和密度。分辨率是扫描仪、显示器、打印机、电分机等的基本性能参数。

- 教学录像：印前工作
- 演示文稿：印前工作
- 常见问题：印前工作 / 印前制作输出时的注意事项

因此，正确合理地设定分辨率非常重要。在计算分辨率时，必须考虑扫描原稿尺寸和输出稿尺寸之间的缩放倍数。放大倍数越大，对原稿的扫描分辨率要求越高。这时，有几点需要注意。

① 量原稿而行。如果原稿本身的质量并不好，一味地提高分辨率并不能起到很好的效果。分辨率的设定关键是合适和有效。

② 整除放大倍数扫描，是指原稿尺寸与输出稿尺寸之间按照1倍、2倍、3倍等这样的放大倍数进行扫描。因为扫描仪始终是用光学分辨率来进行扫描的，如果光学分辨率与扫描分辨率不是整倍数的话，就会降低图像质量、削弱扫描仪光学系统的性能。

因此，扫描分辨率的确定来自图像再现的用途和要求，也就是常说的"输出决定输入"。需要扫描的照片（也包括各类印刷品上选用的图片）理想的放大倍数一般为1倍，也就是100%。在制作时，当遇到尺寸不够时，通常只允许对扫描好的电子文件作20%范围内的放大取用。随意放大将会影响图片精度。

3. 正稿制作

根据设计稿的尺寸，首先在计算机里设定好画面的大小，再画上出血线、折叠线、切口线等工作线，然后将图片、文字等所需的视觉元素放进去。制作正稿最好用CorelDRAW、Freehand 或 Illustrator 软件。如果是用 Photoshop 软件制作正稿，需要记住以下四点：① 画面要设定为原大尺寸。② 分辨率控制在300dpi。③ 色彩模式为 CMYK。④ 存盘格式为 TIF。这样才能得到较为满意的印刷效果。

（1）工作线

工作线包括出血线、折合线、切口线。

出血线：在色块（包括实底色和有网纹的虚底色）或图片达到边框的情况下，应将色块或图片范围延伸至边框外3 mm处，以免印出成品后因裁切的误差而出现白边。如果是包装盒则要向外延伸5 mm，因为一般包装盒的印刷用纸较其他印刷品的用纸要厚。色块或图片的这种向外延伸的范围称为出血位，表示出血位的线称为出血线。留出血线的目的，是为了画面更加美观，更便于印刷。

折合线：又称折线。立体的包装盒要进行折叠，故需以虚线标出折合线，其标法有两种：① 在画面内沿折叠处用虚线标示。② 将虚线标在画面外的折叠处两端。

切口线：又称成品线，为印刷物的实际尺寸（图5-1）。

（2）绘制后的检查

·常见问题：印刷工艺（正稿制作注意要点）

正稿制作完成后，要进行认真的检查。检查的内容包括：图形是否精密、工作线是否完备、文字有无错误、字体是否已转换为曲线（我们所用字库里的字体与电分公司字库的字体往往并不匹配。如果不将字体转换为曲线，电分公司在输出时常会掉漏文字或输出后的字体被随意替换）等，并对检查出来的问题——认真地加以解决。要在制版之前解决所有问题，以免在制版付印之后才发现差错，造成不必要的麻烦和浪费。

还有一项重要的工作就是色标的查对。同一件设计，我们在显示屏上所看到的色彩与印刷成品的色彩常常相差甚远，甚至会有面目全非的结果。这是由光谱三原色和色谱三原色的差别造成的。因此，要想获得理想的色彩，在制作正稿时，就必须做到

图 5-1 用于输出的正稿　广州千彩印刷有限公司提供

图 5-2 色标

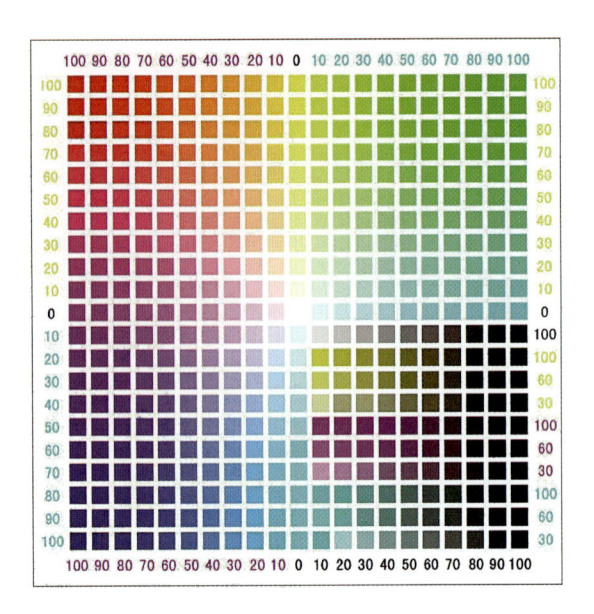

以下几点：① 充分地利用色标工具。色标可以为我们提供相对准确的色彩参数，帮助设计师更好地完成自己的创意。印刷产品也要依据色标来验证用色的准确度。② 将文件的色彩模式设定为 CMYK。③ 逐一查对打印稿中的色彩与色标中的色彩，以确认用色的准确性。

印刷色标中通常用 C(cyan) 表示蓝色，M(magenta) 表示红色，Y(yellow) 表示黄色，K(black) 表示黑色。而颜色的增进率则以 10% 为一个色阶，如 Y(yellow 黄) 10%、20%、30%，依次推进；也有的色标是以 5% 为一个色阶，如 5%、10%、15%，依次推进。如，选用大红色，它的色彩参数可为 M（红）80、Y（黄）100，群青色可为 C（蓝）90、M（红）70（图 5-2）。

4. 输出

这里所说的输出，实际上是将制作完成的正稿文件送到电分公司，通过电子分色机，输出印刷所需的电子分色软片。在印刷中，一个印版只能印一种颜色。当遇到有许多色调的画面需要印刷时，我们既不能用一个印版表现所有的颜色，也不能将许多色彩以无限制的版面来加以表现。因此，分色机将众多的颜色分解为黄、品红、青三张底片，而这三种颜色重叠时只能产生近于黑色的色泽；为加强画面的深度，还需加一张黑色的分色底片。这样，就构成了印刷上的四原色。分色所得的黄版、品红版、青版分色底片，并不显现黄、品红、青的色相，而是与普通的黑白底片一样，只有黑（高密度）、白（无密度）之分。使用分色版进行的印刷就是彩色印刷。

最后，四色软片的质量、色彩的设置及图片的精度等是否符合设计要求，需要通过四色打样稿来检查。在这里必须强调的是，当拿到四色分色片后，一定要检查四张分色片的套准是否准确一致；分色片是否整洁，有无脏点、划痕等；打样稿的色彩是否准确。

只有确认四色打样稿准确无误后，才能说印前工作已经结束，可以进入下一个阶段，也就是印刷阶段。

二、包装设计与印刷工艺

要使包装的设计方案成为包装的实体，必须经过一系列的加工过程，而印刷就是其中的一个主要环节。任何一件设计精致的包装设计图，都必须借助印刷才能把文字、图案、照片及色彩转移到各种不同的包装材料上，成为包装的成品，从而创造销售价值。

包装设计与印刷的关系是双向的：一方面，我们要根据包装设计所提出的要求选择适合的印刷工艺和印刷材料；另一方面，在设计中，针对所选择的印刷工艺和印刷材料特点，扬长避短以充分运用已有的印刷条件，达到最佳的印刷效果。只有这样，才能使包装设计与包装印刷紧密地结合起来，做到相得益彰；否则就不能达到预期的目的。例如，有的包装设计方案看起来五彩缤纷，但由于设计与印刷工艺脱节而给印刷带来很大难度，使印刷出来的包装达不到设计的要求，甚至不能付印；或者生产成本过高，带来一系列不必要的麻烦，严重者前功尽弃。

要使包装设计与包装印刷紧密结合、协调进行而不致产生脱节的问题，最根本的一条就是设计师既要精通设计，又要熟悉印刷。

1. 印刷种类

印刷有多种类型，由于工艺原理不同，操作的方法和印刷效果也不同，大体可分为凸版印刷、柔性版印刷、平版印刷、凹版印刷和丝网印刷五种。

（1）凸版印刷

凡印刷版面上印纹凸出、非印纹凹下的通称凸版印刷。由于印版上的印纹凸出，当油墨辊滚过时，凸出的印纹沾有油墨，而非印纹的凹下部分则没有油墨；当纸张压在印刷版面上并承受一定压力时，印纹上的油墨转印到纸上，从而印出各种文字图案，成为印刷品。

凸版印刷是历史最为悠久的一种印刷方法。它由我国古代雕版印刷、活字印刷发展而来，曾是包装印刷的主要手段之一。但由于凸版印刷大量使用的金属版材易污染环境，制版过程也较复杂，周期较长等，已较难与平印、凹印、柔性版印刷等竞争。凸版印刷最适于印刷以色块、线条为主的一般销售包装，如瓶贴、盒贴、吊牌和纸盒包装等，也可以印制塑料膜包装（图 5-3）。

（2）平版印刷

平版印刷俗称胶印，其特点是印纹和非印纹几乎在一个平面上，利用水油不相溶的原理，使印纹保持油质，而非印纹部分则经过水辊吸收了水分。在油墨辊滚过版面之后，油质的印纹沾上油墨，而吸收了水分的非印纹部分则不沾油墨。然后将纸张压到版面上，印纹上的油墨转印到纸张上而成印刷品。

平版印刷是由早期石版印刷发展而来的。石版印刷的版材是磨光的石块，后改用金属锌或铝做版材。这种印刷法被称为"间接印刷法"或"柯式印刷法"。

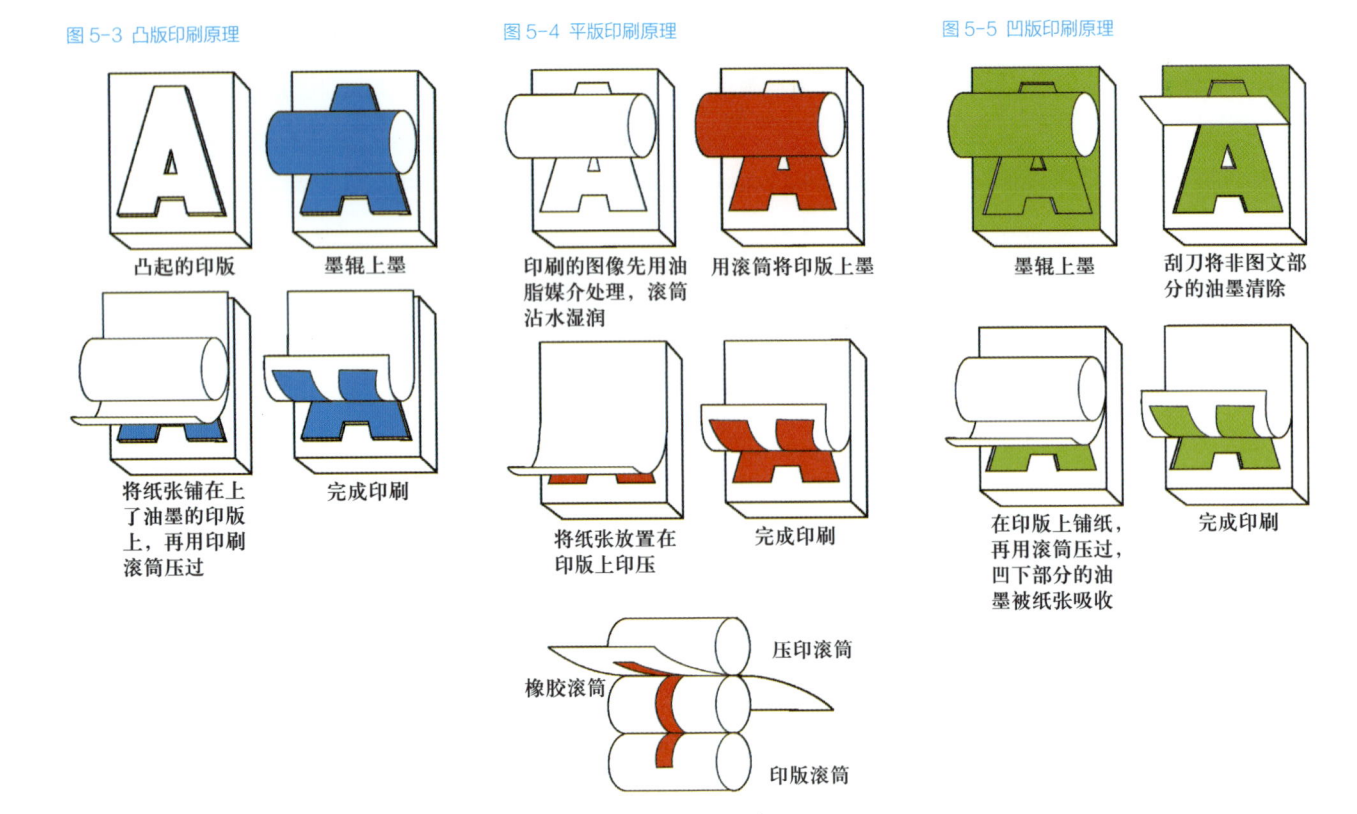

图 5-3 凸版印刷原理　　　图 5-4 平版印刷原理　　　图 5-5 凹版印刷原理

凸起的印版　墨辊上墨　　印刷的图像先用油脂媒介处理，滚筒沾水湿润　用滚筒将印版上墨　　墨辊上墨　刮刀将非图文部分的油墨清除

将纸张铺在上了油墨的印版上，再用印刷滚筒压过　完成印刷　　将纸张放置在印版上印压　完成印刷　　在印版上铺纸，再用滚筒压过，凹下部分的油墨被纸张吸收　完成印刷

压印滚筒
橡胶滚筒
印版滚筒

平版印刷有吸墨均匀、色彩丰富、色调柔和等优点。但也有不足之处，如油墨稀薄，不如凹版印刷效果厚实，光亮度也较差，不适合批量少的印刷品等。

平版印刷可广泛用于彩色照片，或以喷绘和写实绘画为主体的包装装潢画面。采用平版印刷能够充分展现出景物的质感和空间感。此外，铁盒包装也大多采用平版印刷（图 5-4）。

（3）凹版印刷

与凸版相反，凹版的印纹凹陷于版面之下，而非印纹部分则是平滑的。油墨滚在版面上以后，自然落入凹陷的印纹之中，随后将平滑表面上非印纹部分的油墨刮擦干净，只留下凹陷印纹中的油墨。再放上纸张并使用较大的压力把凹陷印纹中的油墨印在纸上。

凹版印刷使用的压力较大，所以印刷品的墨色厚实、表现力强、层次丰富、色泽鲜艳，印刷的数量较大，应用的纸张范围广泛，也可以在塑料薄膜、金属箔等承印物上印刷。凹版印刷的缺点是：制版工作较为复杂，不适于数量少的印件（图 5-5）。

（4）丝网印刷

将蚕丝、尼龙、聚酯纤维或金属丝制成的丝网，绷在木制或金属制的网框上，使其张紧固定，再在上面涂布感光胶，并曝光、显影，使丝网上图文部分成为通透的网孔，非图文部分的网孔被感光胶封闭，因此也叫孔版印刷。

印刷时将油墨（或其他涂料）倒在印版一端，用刮墨板在丝网印版上的油墨部位施加一定压力，同时向丝网的另一端移动。在此过程中，油墨在刮墨板的挤压下从图文部分的丝网孔中漏至承印物上，从而完成一色的印刷。

丝网印刷的优点是油墨浓厚，色彩鲜丽，可应用于各种承印物，如纸、布、铁皮、

- 名词术语：包装印刷术语

塑料膜、金属片、玻璃等，也可以在立体和曲面上印刷，如盒、箱、罐、瓶等。丝网印刷的缺点是印刷速度慢、产量低，不适于大批量印刷。

2．印刷的要素

印刷中，将包装设计的图稿变为包装实体的过程中有四个要素起着决定性作用。它们是印刷机械、印版、油墨和承印物。

- 模拟实训动画：印刷工艺（印刷机械工作原理）
- 模拟实训动画：印刷工艺（印刷流程）
- 文献资料：包装机械分类

（1）印刷机械

印刷机械是各种印刷品生产的核心，主要作用是将油墨均匀地涂布在印版的印纹部分，使印版上的墨层加压转印到承印物的表面，依次递出印刷成品。

（2）印版

包装设计图要付诸印刷，必须经过制版。有了印版才能大量地复制设计图。

- 教学课件：千彩印刷公司考察印刷流程
- 习题作业：印刷厂观后感 1~6
- 名词术语：印刷技术术语

（3）油墨

油墨是由色体（颜料、染料等）、联结料、填充料和助剂按一定比例混合，经过反复研磨、轧制而成的，具有一定流动性的均匀浆状胶黏体，是印刷的主要材料。

（4）承印物

承印物是用于印刷的包装材料。现代印刷的包装用的承印材料种类很多，其中，纸仍是主要的承印材料，此外还有金属、塑料、木材、玻璃、织物等。

三、常用包装承印物的特性

包装承印物是用于印刷的包装材料。并不是所有的包装材料都可以用来印刷。由于不同包装承印物的材料特性不同，即使采用相同的印刷方法，也会得到不同的印刷效果。为了使包装装潢设计达到最理想的效果，需要将包装材料和印刷工艺做最佳的配合（图5-6）。

图 5-6 不需要粘贴的纸盒　Trapped in Suburbia 工作室设计

1. 纸

纸具有薄、轻、吸墨性好、适应性强、成本低、产量高、易保存、易运输等优点，而且既可以印刷，又可以压切成型，用途很广。

印刷用纸的规格形式有两种：一种是卷筒纸，是将纸卷在纸卷芯上，呈圆柱状的纸张；另一种是平板纸，是将纸张按一定规格裁成定长、定宽的纸张。常见的包装印刷用纸有以下几种。

铜版纸：是一种涂布印刷纸，在香港等地区被称为光面粉纸，分单面和双面两种铜版纸，由白色颜料、黏胶剂等混合的涂料在纸坯上涂布，经热风干燥压光而成。这种纸质地结实，纸面洁白而光滑，吸墨均匀，伸缩性小，抗水性强，适用于多色的凸版、平版印刷。印后色泽鲜艳，图像清晰。

哑粉纸：又称无光泽铜版纸。

铸涂纸：又称高光泽铜版纸，俗称玻璃卡纸，是一种高光泽度的涂料纸。由于具有极高的光泽度和平滑度，铸涂纸多用于印刷高档的商品包装。

胶版纸（俗称道林纸）：即胶版印刷纸，它的特点是质地紧密不透明，伸缩性小，吸墨性好，抗水性强，纸面的洁白度和光滑度仅次于铜版纸，分为单面和双面两种。胶版纸适用于印刷多色图案和文字，印后效果较好。

白板纸：其质地紧密、厚薄一致，具有较好的挺力，洁白平滑，不脱粉掉毛，吸墨均匀。白板纸也有单面与双面之分，单面的印面为白色，背面为灰色。这种纸常作为纸盒包装和吊牌的材料。

金、银板纸：分光金、银板纸和哑金、银板纸四种，印面为金、银色，背面为白色或灰色。由于底色为金、银，所以印刷后这种纸的色彩会呈现出独特的效果，与在白板纸上印刷金、银色效果迥异。

玻璃纸：有无色透明和有色透明之分。玻璃纸不仅可以印刷图案和文字，还可以直接包裹商品或作为商品彩色包装盒的外表包装纸，或用于制造开窗式纸盒，起到装潢和防尘的作用。

过滤纸：属净化纸类，这种纸多用于袋泡茶的包装，属于食品卫生用纸。过滤纸的纤维组织均匀、纸质柔软，且无异味，具有良好的滤水性能。

瓦楞纸：是由箱纸板和通过瓦楞辊加工成波浪形的瓦楞纸粘合而成的板状物。它是一种重量轻、强度大、价格较低的包装纸板（图5-7）。

2. 塑料

塑料承印物为塑料薄膜和塑料制品。

以塑料薄膜为主的软包装印刷在包装印刷中占重要地位，它具有质轻、透明、防潮、防氧、易于印刷精美图文的优点等。塑料薄膜采用的印刷工艺以凹版印刷为主，其他类型的印刷也可以使用。同时塑料薄膜还有其他特点，例如，它是在卷筒状的表面进行印刷的，如果是透明薄膜，从背面可看到图案，所以须加印一层白色涂料，或采用"里印"工艺。塑料薄膜是由各种合成树脂制成的，使用最多的是聚乙烯、聚丙烯，还有聚氯乙烯、聚酯等，有时是几种薄膜复合，或与纸、铝箔复合，是当前广泛使用的一种包装材料。

• 名词术语：纸张种类中英文标准术语

图 5-7 瓦楞纸盒　Werbeatelier Fick Werbeagentur Gmbh 设计

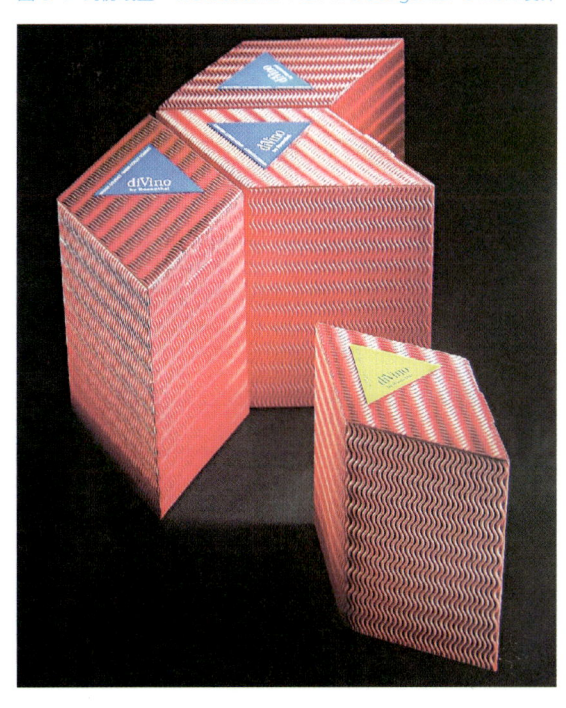

在这款设计中，瓦楞纸被运用得十分巧妙，产生了独到的效果。菱形纸盒的造型和瓦楞纸的立体光影令人目眩。此时已不需设计师再添加任何其他的视觉元素了。

塑料制品主要采用丝网印刷。承印物有高密度聚乙烯、低密度聚乙烯、聚苯乙烯、硬质聚氯乙烯、聚丙烯等，多作为容器出现。其中高密度聚乙烯吹塑容器，是吹塑成型制品中最常用的一种（图 5-8）。

图 5-8 有机食品包装　Johanna Karlsson，Robert Gardfors 设计

模块五　正稿输出与成品制作

3．软管

软管可分为金属软管、塑料软管、复合软管三种，主要用作盛装牙膏、药膏、颜料等半流质商品的包装，通常采用凸版胶印的印刷工艺。

4．金属

以前金属印刷的承印物主要是马口铁，故又称为马口铁印刷。而现在使用的金属承印物有多种，如马口铁（镀锡薄钢板）、化学处理钢板（无锡薄钢板）、镀铬薄钢板、锌铁板、铝箔、铝与白铁皮复合材料等。由于金属本身是光亮材料，因此印上色彩后更加艳丽。

平板罐材印刷多采用平版胶印，成型物罐材多采用凸版胶印方法。虽然金属承印物属于胶印，但有与一般胶印不同的特点：① 承印物是各种金属薄板。② 印前需涂底处理。③ 使用专门的印铁油墨。④ 印刷操作不同于一般胶印（图5-9）。

5．玻璃

能使玻璃的色彩多样化，而且成本低，又能大量生产的手段莫过于丝网印刷。玻璃承印物多呈曲面，印刷时需根据承印物的形状，设计制造专门的网框和承印物的支撑装置，以保证印刷精度（图5-10）。

此外还有针织物的印刷，如棉布、丝绸、尼龙织品等，以及各种陶瓷制品的印刷。

图5-9 能量饮料　Ian Firth 设计

图5-10 砂糖包装　leo bumett India 工作室设计

5-3 拓展与提高

包装印后加工工艺

包装印刷技术的快速发展和企业产品对包装印刷品质的要求提高，无形之中加快了如烫印、模切等包装印后加工工艺技术的开发与发展。而包装印后加工工艺的应用又提高了包装产品的附加值。这种良性循环的作用带动了整个包装印刷市场的蓬勃发展。

对包装印刷品做印后的加工工作是一道必须进行的生产工序，它可以使印刷品获得所要求的形状和使用性能。而印后加工的种种工艺，更可以在提高印刷成品的美观程度和包装的功能方面起到重要作用。

印后加工工艺可以对印刷品表面进行美化装饰，如为提高印刷品光泽度而进行的上光或覆膜加工；为提高印刷品立体感而进行的凹凸压印加工；为增强印刷品闪烁感而进行的烫印铝箔加工等工艺。印后加工工艺还可以使印刷品获取特定功能的加工，如使印刷品具有防油、防潮、防磨损、防虫等防护功能。印后加工工艺更需要对印刷品进行成型加工，如包装盒的模切压痕加工等。

1. 上光

上光是在印刷品表面涂（或喷、印）上一层无色透明的涂料（上光油），经流平、干燥、压光后，在印刷品表面形成一层薄且均匀的透明光亮层。上光包括全面上光、局部上光、光泽型上光、亚光上光等。

UV上光是20世纪80年代兴起的新型上光涂料。在印刷品表面均匀地涂布一层紫外线固化亮光油，再经紫外线照射，由上光油交联结膜固化而成。局部印了UV的地方会变得光亮，与未印UV的地方形成质感上的对比，增强了画面的立体感。UV上光油的优点是不仅可在纸面印刷，也可以进行塑料、金属、玻璃、木材等印刷。UV上光具有传统上光和覆膜工艺无法比拟的优势。

2. 过油和磨光

过油是在印刷物的表面覆盖一层油，以达到保护印刷颜色的功能。目前常用的材料有亮光油（光油）和消光油（亚光油）。先将印刷品过油，再通过磨光机输送，在输送过程中受温度、压力的影响完成磨光工艺，从而提高印刷品表面颜色的光亮度、鲜艳度，并能收到一定的防潮效果。

3. 覆膜

覆膜工艺是印刷之后的一种表面加工工艺，又被人们称为印后过塑、印后裱胶或印后贴膜。覆膜是指用覆膜机在印品的表面覆盖一层0.012～0.020mm厚的透明塑料薄膜，而形成一种纸塑合一的产品加工技术。由于表面多了一层薄而透明的塑料薄膜，使印刷品具有良好的光亮度和耐磨、耐化学腐蚀性能，起到美化、防潮、防污、增加牢度和保护包装的作用。一般来说，根据所用工艺可分为即涂膜和预涂膜两种；根据薄膜材料的不同分为亮光膜、亚光膜两种。

4．烫印

烫印是指先将需要烫印的图案或文字制成凸型版，在凸型版下借助一定的压力和温度使电化铝箔转印到承印物上，以增加装饰效果。烫印不仅适用于纸张，还可用于皮革、漆布、木材、丝绸、棉布和塑料制品。烫印材料为电化铝箔，颜色有金、银、红、绿、蓝、橘黄等，都具有色泽鲜艳、美观醒目的特点（图5-11）。

5．凹凸压印

凹凸压印又称压凹凸，是印刷品表面装饰加工中一种特殊的加工技术。在一定的压力作用下，凹凸模具使印刷品基材发生塑性变形，即不使用油墨而是直接利用印刷机的压力进行压印，从而对印刷品表面进行艺术加工。操作方法与一般凸版印刷相同，但压力要大一些。压印的各种凸状图文和花纹，显示出深浅不同的纹样，具有明显的浮雕感，增强了印刷品的立体感和艺术感染力。

凹凸压印工艺在我国的应用和发展历史悠久。早在20世纪初便产生了手工雕刻印版、手工压凹凸工艺；20世纪40年代，已发展为手工雕刻印版和机械压凹凸工艺；20世纪50～60年代基本形成了一个独立的体系。近年来，印刷品尤其是包装装潢产品高档次、多品种的发展趋势，促使凹凸压印工艺更加普及和完善（图5-12）。

6．激光压纹

激光压纹也称折光印刷，是20世纪80年代初国外兴起的一种印刷新工艺，它特

图5-11 烫印工艺的化妆品包装　Dragon Rouge公司设计

法国Dragon Rouge公司为宝格丽珠宝精华护肤品设计并印制的成品包装盒，描绘了一个特殊的价值概念——光度和光辉。浅红色的包装色调再配合一个全息图的印刷效果，唤起了光度和光芒感，也为包装注入了新的活力，充分保持了品牌的独特代码和在高端奢侈品市场的定位。

图 5-12 凹凸压印工艺的千莲荟化妆品包装　广州狮域设计公司设计

本产品的包装盒采用凹凸压印的工艺手段，充分体现了银卡纸的材料质感，也增强了包装盒的高档感。

别适于高档次的包装装潢印刷品。激光压纹采用压印法在镜面承印物上印制出细微的凹凸线条，使印刷品根据光的漫反射原理，多角度反映光的变幻，产生有层次的闪耀感或三维立体形象。所选的承印物越具有金属光泽、质地越平滑，对光的反射能力越强、折光效果就越好，如电化铝、铝箔类。

- 模拟实训：印刷工艺（自动折盒流程）

7．裱纸

裱纸是将面纸与底纸之间做粘合，再施以压力进行对裱的工序，以达到纸张对厚度、强度的要求，来满足包装盒承载重量的需要。裱纸流程为送纸→导轨→上胶→压轴对裱→出纸。

8．模切和压痕

当包装印刷纸盒需要制成一定形状时，可通过模切、压痕工艺完成。模切往往是和压痕结合在一起的。模切是用钢刀（即模切刀）排成模框，在模切机上把承印物冲切成一定形状的工艺。压痕是利用钢线（即压线刀）压印，在承印物上压出痕迹或留下便于折叠的槽痕的工艺。在大多数情况下，模切压痕工艺往往是把模切刀和压线刀组合在同一个模板内，在模切机上同时进行模切和压痕加工，故可简单称为模压。它不仅适用于纸，还可用于皮革、塑料等。在模切、压痕工艺之后，印刷品就可折叠、粘

模块五　正稿输出与成品制作

接成立体形状（图5-13、图5-14）。

除上述加工工艺外，还有印油、压光等工艺。为了在实际的工作中灵活地运用这些加工工艺，必须与印刷企业保持畅通的交流渠道，充分地了解和掌握各种印刷工艺的特性，以期达到理想的设计要求和独特的设计效果。

高新科技与数字化印刷技术的发展也同样体现在印刷的加工工艺上，如激光模压就是利用现代激光切割技术制作模切版的方法，只要把所需模压的尺寸、形状及承印物的厚度等数据输入计算机，由计算机控制激光头的移动，便可在木版上切割出任意复杂的图形，制成模切压痕底版。这种做法的优点是可切割任意的形状和图案，而且速度快、精度高、误差小、重复性好。

图 5-13 模切后的包装盒底纸样

图 5-14《靠近心脏的第二颗纽扣》茉莉花茶包装
吕法娣设计　沈卓娅指导

图 5-15《欢聚一堂》茉莉花茶包装
温健欣设计　沈卓娅指导

因为靠近心脏的第二颗纽扣最能感受到心跳动的温度，同时还代表着永恒不变的爱，把纽扣和心结合在一起，利用各种不同颜色的纽扣排成字母"MLOVE"——英文"my love"，放到包装盒上，再把茶包的外形做成一件件小衣服，加上茶包小吊牌的帽子形状，增加了一些情趣。

因为拥有爱，所以要更加地享受生活。
设计理念：因为科技的进步，出现了手机、电脑、电视等一系列电子产品，导致现在的年轻一代大都与家人缺乏沟通，忽视了父母的爱，所以想让他们回归到最真实的情感，设计时想起了以前的飞行棋游戏，将它作为载体把家人聚在一起。在喝茶的时候，一起分享生活中的快乐与趣事。包装结构为托盘盒，里面的盒子不需要粘贴，作为飞行棋的棋盘，茶包的小标签作为棋子。

模块六

项目交流与成绩评定

本模块知识点：包装设计评判标准

知识要求：了解包装装潢设计的一般评价标准

本模块技能点：归纳与总结

技能要求：掌握对包装设计进行综合评价的方法，学会总结所设计的项目并能有条理地进行阐述

建议课时：4学时

本模块教学要求、教学设计及评价考核方法等详见"爱课程"网站相应课程资源。

6-1 任务描述

任务解析

掌握对包装设计做综合评价的方法，以提高学生的分析能力、判断能力、表达能力，使学生对包装设计全过程有清晰的认识和了解。

实训内容

① 有条理地总结设计理念和表现手法。
② 总结设计过程是否与项目要求相符。
③ 总结在商品营销中设计所占的地位和起到的作用。
④ 将包装设计成品与原包装进行对比，分析改良后的效果是否与设定的目标要求一致。

学习目标

学习销售包装的设计技巧。

能力目标

掌握从资料收集到包装设计再到设计评估的正确流程，掌握从设计到制图再到纸盒的相关程序和方法。

- 教学录像：项目交流与成绩
  评定 1～3

任务展开

1. 活动情景

以互动教学方式为主，每位同学以消费者的角色，对其他同学的包装设计加以选择和评论，最后由老师总结作业情况。如果是与企业合作开发的项目，那么企业的指导教师也应在此作出自己的评价。

2. 任务要求

通过分析设计的包装实物，同学们对包装设计产生了亲身的体验，真正了解包装设计的几个关键点，并做到贴近市场、消费者的需求。

3. 技能训练

通过分析和评价设计的包装实物，锻炼学生的判断力和表达能力。

4. 工作步骤

① 总结包装设计课程的知识点。

② 通过包装设计实物考查包装设计的合理性、识别性、时尚性等。

③ 通过综合评价检验包装设计是否达到预期目标。

④ 最后由校内和企业指导教师共同总结作业情况，评选出优秀的学生作业。

- 试卷：包装装潢设计与制作
  试卷（10 套）

考核重点

掌握包装设计的基本要领，实现包装设计评价的准确性及全面性。

6-2 基础知识

一、"好包装"是如何炼成的

1. "好包装"的要求

"产品"和"商品"在属性内涵上究竟有什么不同呢？

简单地说，一件未经包装的内容物被称为"产品"，而经过包装，且在销售渠道中出售的产品则被称之为"商品"。由此可见，产品必须通过"包装"，才能成为在卖场货架上出售的商品。因此，好的产品必须有好的外包装才能真正发挥销售功能，更好地激发消费者的购买欲望，从而达到推销产品的作用。

（1）好的包装必须正确地传达商品信息

① 让消费者通过醒目、标示性的品牌及品名认识商品的内容。

② 清楚地标示商品的保存期限、营养表、条码、承重限制、质检标志、环保标志等相关信息。

商业包装是消费者接触最多的包装，它取代了卖场中店员从旁促销或推荐的销售行为，而直接与消费者做面对面的沟通。所以一个好的包装设计必须切实地为消费者提供商品信息，并且让消费者在距离60 cm处（一般手臂长度）、3秒钟的快速浏览中，一眼就看出"我才是你需要的"。因此，成功的包装设计可以让商品轻易地达到自我销售的目的。

（2）好的包装必须具备最重要的保护功能

商品的储存、搬运、携带都必须通过"包"与"装"来完成，所以对保护性功能的考虑甚至要胜过对视觉效果的追求。因此，通过包装形式、结构等手段的运用，包装能够承受一定的外界压力，而不至于使商品在运输和堆叠中被压碎或变形，从而有效地保护商品的品相。而隔绝光、紫外线、抗氧化等包装材料的选用，则可以防止商品品质的恶变。

（3）好的包装一定会赋予商品附加价值

除具备上述的基本要求外，包装还需要让消费者产生一种归属感，同时还要注意到品牌形象延伸的问题。

增加商品归属感。必须通过设计来制造个性化和差异性，使消费者能从独特的销售包装上获得某种心理和情感的满足，从而增强消费者购买和使用产品的欲望。

品牌形象再延伸。从整合营销的角度来说，商品与消费者每一次的接触都能向消费者传播一致的、清晰的企业形象，以增强品牌诉求的完整性，从而迅速树立产品品牌在消费者心目中的地位，建立产品与消费者长期的密切关系，有效地达到营销目的（图6-1至图6-3）。

图 6-1 "屈臣氏"蒸馏水纪念装　靳与刘设计顾问香港公司设计

图 6-2 12位年轻设计师创作的招贴纸

图 6-3 与主题相关的展览现场

在靳与刘公司为"屈臣氏"蒸馏水开发创新型瓶体与包装设计之前,"屈臣氏"蒸馏水就已经是瓶装水包装设计中的引领者和行业的标杆。"屈臣氏"的一百周年纪念时,又再次邀请靳与刘公司设计周年标志并推出纪念装。为提升品牌的文化品位,靳与刘公司特别邀请12位著名的年轻设计师,以"Watsons Water"字母为主题创作招贴纸,每个月以Watson's Water里的一个字母为题,分12个月依次推出。系列产品一经推出,立刻引来抢购热潮,也吸引了媒体的报道。同时,靳与刘公司还策划了以此为主题的相关展览活动。艺术活动的推广,不仅有益于社会,也提升了品牌文化品位及商业价值。

2. 设计重点

（1）从策略层面上了解商品的诉求重点

在包装设计工作开始之前,需要对计划进行包装设计的产品做背景资料的收集。只有清楚产品的行销规划,才能从设计策略和品牌形象上做出正确的设计方向。一般来说,企业想要诉求的重点有以下几个方面。

① 塑造品牌形象,以包装设计表现品牌形象及目的为主要诉求。② 新产品、新品项的告知。新品项主要指在现有商品基础上的产品拓展,如新口味或新香型的上市。③ 强化产品功能。④ 扩大消费群体。当市场已趋向饱和或稳定时,可以通过消费者洞察了解消费者潜在需求,开拓另一个市场。⑤ 引发兴趣及注意。可以利用时事话题,结合包装设计为产品的上市述说故事。

在确认产品推出的目的与了解商品诉求后,包装设计师应能较容易地切入设计重点、准确掌握设计方向。然而,一个真正优秀的设计师,除了了解上述基本知识外,还应深入了解消费者真正的需求,提供消费者生活利益,满足消费心理。也唯有兼顾到消费者生理、心理、使用等层面的产品包装,才称得上是一件"成功"的作品（图6-4）。

图 6-4 坚果包装　Ashlea O'Neill 设计

图为Ashlea O'Neill帮助澳大利亚坚果生产商Wondaree重新塑造的产品形象。包装不仅展示了他们的有机产品,还从人性化的角度考虑到盲人购买的方便,将盲文压印在木质夹子上,更突出了该品牌的人文关怀和设计特色。

（2）综合审视包装设计

一件包装作品的好坏，不单是美感的掌握，还需要从品牌整体形象、包装材料、成本控制等方面做综合考虑。

① 维持品牌形象。某些设计元素是品牌既有资产，在设计时是不能随意更换或舍弃的。如"立顿"黄牌红茶包装上的黄色色块，一直延伸到利乐包及冰红茶包装上，甚至"立顿"茗闲情包装也承袭了一致的品牌形象。

② 选择包装材料。在进行方案设计之初就要认真考虑正稿的执行可行性。不同的商品属性对包装材料的要求也不尽相同。因此，包装材料的选用也应在设计时一并考虑周全。

为求产品的品质稳定，尤其是食品包装，材料的选用尤为重要。例如花果茶或茶叶类产品采用 KOP 保鲜包装材料；易碎物品如鸡蛋的包装，缓冲保护需求也是包装设计中首要考虑的问题。

③ 成本控制。精美的产品包装不一定要依赖高级、高成本的包装材料，可以利用视觉及结构的巧妙结合，为产品经营出高品质的感觉。如果可以较好地控制成本，无疑会为设计方案加分。"世界之星"（World Star）包装设计奖的评选标准中明确地将"节约材料、降低成本"定为考核要求之一，而德国"红点传达设计奖"的评估标准中也将"设计素质、执行，以及选材和应用是否相辅相成"作为获奖评判条件之一（图 6-5）。

因此，一件好的产品包装在设计之初就需要从产品特性、市场营销、消费者需求、视觉美感、生产工艺、材料选用等全方位做综合考量，才可能呈现出符合要求的产品包装。

二、成为优秀包装装潢设计师所必需的六种意识

在成为一名优秀的包装装潢设计师之前，必须首先明确如何成为一名称职的包装装潢设计师。目前，设计公司对包装装潢设计职业岗位能力的要求基本可以概括为五大能力模块：① 策略思考与分析能力模块，这需要有正确且清晰地阐述创意理念的能力，及配合创作总监完成创意诠释的能力。② 创意发想能力模块，即需要根据客户的

图 6-5《一起玩哈哈》娃哈哈饮料包装　戴碧琼设计　沈卓娅指导

在现代的生活中，小孩子每天对着手机、电脑玩电子游戏，然而跟身边的小伙伴和家长的沟通交流越来越少。根据这个问题设计的一款可以玩的包装，可以跟身边的爸爸妈妈或小朋友们一起来玩这个游戏。

图6-6 "想你"月饼包装　陈晓微设计　沈卓娅指导

图6-7 "花花世界"月饼包装　翁彩容、林斯敏设计　沈卓娅指导

此款"想你"月饼包装，主要是为身处异地的情侣或年轻夫妻而设计的。盒子打开之后连在一起，表达"哪怕身处异地，我们也心连心，因为在想你"的概念。

在产品的命名上，采用"花花世界"这个词，表达了从万花筒看到的花花世界，也隐喻了月饼口味上的独特搭配，种类多样。

要求完成单项创意设计的能力；需要具有画面整体规划、设计的能力；需要有良好的字体设计和版面编排能力。③ 艺术设计能力模块，即需要熟悉画面制作规则和流程；具备视觉表达能力和画面执行能力；熟悉印刷规格要求和印刷工艺。④ 相关设计软件应用能力模块，即需要熟悉多种软件操作程序；熟悉正稿输出流程和要求。⑤ 团队协作与沟通能力模块，即需要有与人沟通的能力和技巧，以及团队协作精神。

作为一个设计师，要想顺利、出色地完成设计开发任务，使自己设计的产品产生良好的社会效益和经济效益，需要与方方面面的相关人员紧密配合和合作。因此，在日常的专业学习中除了加强上述五大基本能力的锻炼，同时还需要学习和培养以下六种意识，才能为成为优秀的包装装潢设计师奠定坚实的基础。

1. 品牌策划意识

在商品间差异性并不明显的买方市场条件下，要想更好地树立企业或产品特色以区别于竞争对手，并且以自己鲜明的个性吸引消费者，都离不开"品牌"。因为品牌是企业或产品无形资产总和的浓缩，是企业或产品核心价值的体现，是识别商品的分辨器，是质量和信誉的保障。消费者可以通过品牌对产品、企业加以区别，企业也可以通过品牌来进行市场的扩展。因此，树立品牌，并逐步创立名牌，已成为各企业在市场竞争条件下的共识。因为品牌的创立和形成可以帮助企业实现上述目的，成为企业有力的竞争武器。而品牌的出现，特别是名牌，更能在消费者心目中建立起一定的忠诚度、信任度和追随度，并成为企业今后发展的坚实基础（图6-6）。

2. 市场营销意识

商品在市场上出售，是为了让消费者购买的。因此，作为设计师需要建立起市场意识。当接到一项设计任务后，一定要亲临市场，感受真实的销售现场，只有这样才能了解市场、把握市场，才能从市场中寻找到新的销售卖点，才能使设计的包装紧跟市场。否则设计出来的商品包装就会脱离市场，不被消费者所接纳。另外，要走进企业、走进生产现场了解产品的特性和质量，以及产品的形态（或造型），以更好地对产品进行市场定位和设计策略的制定（图6-7）。

模块六　项目交流与成绩评定

图6-8 2012届"Pentawards"奢侈品类银奖　卓上设计

图6-9 清洁剂、洗手液包装　Orla Kiely、Method 设计

3．民族文化意识

包装设计既承载着商业意义，促进商品销售，同时又包含有深厚的民族文化特性。因此，对民俗性或民族性的理解，对地域特色、民族民俗特色和文化特色的掌握，就成为设计的必须工作。民俗与民族文化标志性的题材或素材，如代表地域特色的有江南水乡、徽派建筑、桂林山水等，代表民族文化的有划龙舟、划旱船、舞狮子、耍龙灯等，代表图腾或吉祥物的有中华龙、狮子、麒麟等，民间传说有七仙女、白蛇传、织女牛郎等，这些需要在学习中不断积累，在实际设计工作中加以巧妙运用，才能使包装设计更具有浓厚的文化色彩，更能够引起消费者的共鸣，自然也就能带动商品在市场上的畅销。这类例子多应用在酒包装、食品包装，尤其是一些应节的礼品包装上（图6-8）。

4．艺术品位意识

任何商业设计除了商业行为之外，还含有文化性及艺术性。设计工作是一份走在时尚前沿的工作，是需要引领消费者审美趋向的。设计师的品位将直接影响到设计作品的艺术品位。因此，艺术品位意识有两层意义，一是设计师自身的艺术品位意识；二是由这种艺术品位意识所产生的高品位的设计作品。由此，设计师不仅要精通专业方面的知识，而且还需要汲取很多相关知识，从而培养和提高自己的审美意识，提升艺术品位。特别是在进行酒水包装、化妆品包装等高档商品包装设计项目时，包装成果就是检验设计师艺术品位的试金石（图6-9）。

5．创新独特意识

包装设计虽然有着它不可或缺的实用功能，但也不能否认其中包含的艺术创新性及个性鲜明的独特艺术风貌，艺术性使设计变得有个性、有特色、有新意，不落俗套。在这方面，日本、我国台湾地区和欧美的优秀包装，都表现出了极具个性化的独特风格。特别是日本的包装设计，虽同为东方气质的设计，却透露出非常鲜明的和式风格。因此我们应该在艺术表现形式上进行"中国风"的探索，在题材上寻找有中国意味的素材，再结合商品本身的特性要求进行整合设计，只有这样才能出现创新和独特的视觉效果（图6-10）。

6. 社会责任意识

社会责任意识体现了一个人的价值观。作为一名设计师，有责任和义务要求自己为社会的进步和发展而努力。新技术、新材料、新工艺的出现，给人类带来更美好的生活方式和便利的同时，也给社会、环境带来了巨大的问题，如城市拥堵、空气污染、居民生活质量受到威胁等。面对诸多社会问题，设计师自然需要承担起自己的社会责任，这就是我们经常说的"设计要以人为本"。

设计师应建立绿色包装的概念。包装装潢设计师理应是环境保护的先行官，率先树立环保意识，并不断为此开拓新的更广阔的发展之路。绿色包装概念将是今后包装设计发展的总趋向，也将是人类明智的选择。设计尽量选择易于分解的材料作为包装物的载体，才能迎合人们回归自然、向往自然、崇尚自然的需要。设计师还应该"拒绝造假，尊重设计"，在设计中真实地反映商品的特性和功能，不夸大和欺骗消费者。当然，随着社会的不断发展，设计工作也会不断地走向成熟，对设计师的职业素质的要求也会更高，并有相对应的法律和法规来约束设计师的行为（图6-11）。

总之，有了品牌策划意识就能站在宏观的高度，全面地思考设计项目；有了市场营销意识就能抓住市场的需求，与消费者产生共鸣，实现产品销售的目的；有了民族文化意识才能使设计出来的包装更有特色，走进消费者的心中；有了艺术品位意识设计才显得高雅华贵，并使消费者得到精神上的愉悦；有了创新独特意识设计才变得有个性、有特色、有新意，不落俗套；有了社会责任意识才能真正为社会做出贡献，体现出应有的社会价值。因此，我们不仅要有较强的专业能力，努力掌握职业岗位所需的五大能力模块，还需具备上述的六种意识，以具备较高的职业素养，最大限度地发挥自己的才能，成为一名优秀的包装装潢设计师。

图6-10 "我的茶动力"普洱茶（饮料） 林韶斌设计

这款设计是第二届中国国际茶业博览会包装设计大赛金奖作品，设计表达了中西风格的融合、时尚与传统元素的结合。

图6-11 蜡烛包装 Porsha Marais 设计

"Queen B"是悉尼一家蜡烛厂商，选材采用的是纯天然的蜜蜡。由Porsha Marais设计的包装盒为了环保而采用再生纸印刷，除小部分的烫印外，并未再用过多的印后加工工艺，这样便于回收再利用。

模块六 项目交流与成绩评定

三、世界包装设计竞赛

1. "世界学生之星"包装设计奖

"世界学生之星"（Student World Star）包装设计奖是世界包装组织（WPO）为世界各地的大学、专科学校或类似机构中，致力于包装设计及研究的在校学生设立的具有国际影响力的高水平奖项，目的在于为全世界提供一个在包装设计方面展示创造力的交流平台，重视对青年学生及未来设计师的培养，挖掘和发现具有鲜明时代特征的优秀包装设计作品，使未来的产品在保存、宣传、运输方面满足世界性的挑战。"世界学生之星"奖得到国际性承认，由世界包装组织的出版物公布获奖者的名单，并在全球进行广泛的宣传。此奖项下设三个奖，即"世界学生之星"奖、"荣誉提名"（Honourable Mention Prize）奖、"证书"（Certificates of Recognition）奖（图6-12、图6-13）。

我国"世界之星包装奖作品推荐组委会"，是中国包装联合会和中国包装总公司批准和领导的"世界之星"及"世界学生之星"作品对外报送机构，其秘书处设在中国出口商品包装研究所（世界包装组织理事成员）。"组委会"的名誉主任和主任由中国包装联合会、中国包装总公司领导和世界包装组织主席担任，委员是来自国内著名大专院校、行业协会、设计机构、大型企业及研究单位的知名专家。我国历年选送的学生作品在"世界学生之星"评选中都取得了骄人成绩，获得"世界学生之星"奖的学生将被国际主办方邀请参加颁奖大会。

"世界学生之星"包装设计奖评选标准为：

① 具有创新性。

② 良好的销售外观及平面设计。

③ 适用于内装物，开启方便。

④ 利于环境保护。

• 文献资料："世界学生之星"包装设计奖介绍及评选标准

图6-12 感冒药包装 刘泳含、李爱丽设计（世界学生之星奖）

图6-13 日式午餐包装 Blair Wightman 设计（世界学生之星奖）

⑤ 易于加工制造。

⑥ 整体印象突出。

2. "世界之星"包装设计奖

• 文献资料："世界之星"包装设计奖介绍及评选标准

"世界之星"（World Star）包装设计奖是世界包装组织在世界范围内评选出的优秀包装设计最高奖项，代表着全球包装设计的发展方向。该奖每年评选一次，获奖者由世界包装组织颁发奖杯（牌）及证书。其程序是由各成员国（地区）理事机构推荐出获得过本国（地区）大奖的优秀包装设计作品，由世界包装组织理事会进行评比，产生"世界之星"包装奖获奖作品。评选活动旨在宣传和引导包装设计朝着科学和艺术的方向发展。

"世界之星"包装设计奖凝聚了当今世界顶级设计师的创意精华，强调设计创新在当今全球范围内展现出的发展态势，注重包装设计作品的创新性、商品化、服务性、环保性等理念，让更多的人了解和关注全球包装设计领域的现状及未来的发展趋势。

"世界之星"包装设计奖评选标准为：

① 对内装物有良好的保护和保存性能。

② 开启方便，使用安全。

③ 体现商品属性。

④ 具有销售吸引力。

3. "红点设计大奖"

• 文献资料："红点设计大奖"及评价标准

"红点设计大奖"（Red Dot Design Award）被誉为设计界的奥斯卡，是国际公认的最有声望和公信力的全球顶级设计大奖，拥有50多年的悠久历史。

"红点设计大奖"分为三个类别：红点产品设计奖（Red Dot Award: Product Design）、红点传达设计奖（Red Dot Award: Communication Design）和红点设计概念奖（Red Dot Award: Design Concept）。其中，"红点传达设计奖"始于1993年，旨在寻求全球最高质量的视觉传达设计作品。

"红点传达设计奖"的评审是最为严格的，具体评估标准包括：

① 独创性：作品是否新颖且具有创意。

② 情商指数：作品是否具有独特的气氛（情感表达）和效果。

③ 有效性：作品是否达到沟通目的、易于理解且令人难忘。

④ 设计品质：设计素质、执行以及选材和应用是否相辅相成。呈交作品的应用、动画品质、用户便利度、建筑与结构或辨认度等标准，亦纳入评估考量中。

每年，"红点"评审委员们会依据以上多项标准对所有参赛作品进行审核评估，正是这些详细且严谨的评选标准确保了"红点"大奖的公平、公正及国际的认可。评审团由来自世界各地的著名设计师和设计专家组成，评审出红点奖最佳中的最佳奖、红点全场大奖等奖项。

"红点"是国际设计界追求的品质标杆，获得"红点设计大奖"是世界各地设计师的理想，是对广告公司、设计工作室和机构的设计水准的肯定，也是学生设计才华和创作能力的证明。

图 6-14 创可贴包装　Vivi Feng、Yu-Ping Chuang 设计（The Dieline 包装设计奖）

图 6-15 即食食品包装　Glansén、Billqvist 设计（The Dieline 包装设计奖）

这款设计的重点是通过与常规不同的排列方式，使消费者在使用的时候，尤其是手部受伤的时候，可以单手打开创可贴。另外包装盒的顶部还设计了一个挂钩结构，可以挂在墙壁或办公桌等立面上，方便取用。画面的设计采用明亮的色彩、醒目的图案，这在一定心理程度上减轻了受伤者的痛苦。Dieline 创始人和主编安德鲁·吉布斯是这样评价这件获奖作品的："Dieline 包装设计奖在历史上第一次颁给了学生，这是一个创新的解决方案，即单手使用创可贴。"这个创新项目是两位学生的毕业设计，在三轮的激烈评审中得到了评委们的一致好评。

瑞典 Innventia 研究公司委托设计师 Glansén 和 Billqvist 设计的即食食品包装，使用的纸复合材料是 Innventia 公司研究和开发的一种专利产品，即纤维素材料，其材料属性与塑料相似。即食食品包装结合了不同方面的可持续发展理念：打开包装倒入热水时，则形成了一个餐碗，节省了运输中的空间，材料是 100% 可再生能源。这种合作的目的是集合科学家和设计师的创造力，挖掘新材料的全部潜力，创造新一代的可持续包装设计。

4．"包装设计大奖"

"包装设计大奖"（The Dieline）的参赛作品来自世界各地，是一个世界范围内设计师的竞争赛事。它依托于 TheDieline.com 网站征集、评选参赛作品。"Dieline"网站是由安德鲁·吉布斯于 2007 年创立，面向致力于包装设计的企业及从业人员、学生和爱好者。奖项设置的目的是促进世界包装设计发展，并提供一个可以学习和交流的平台，保持最新的行业趋势。在奖项创立初期，"Dieline"在全球包装设计领域就已经成为最受欢迎的网站之一，有来自全球数以百万计的读者（图 6-14、图 6-15）。

5．"Pentawards"包装设计奖

"Pentawards"是全球首个，也是唯一的专注于各种包装设计的竞赛。它面向所有国家里与包装创作和市场相联系的每一位人员。根据作品的创作质量，优胜者将分别获得"Pentawards"铜质、银质、金质、铂金或钻石奖。每年的"Pentawards"国际包装设计奖参赛项目，分为饮料、食品、个人用品、奢侈品及其他等五大类别，其中再细分 48 个子项目，由评审团评议出子类别的各个奖项目（图 6-16 至图 6-19）。包装设计作品来自世界各地，评审团同样由来自世界各地的评委组成，他们将根据参赛作品的创意质量评出获奖者。

图 6-16 葡萄酒包装 The Creative Method 设计（Pentawards 包装设计奖金奖）

图 6-17 Pentawards 包装设计奖奢侈品类金奖 Karim Rashid 公司设计

The Creative Method 公司为了在圣诞节送给客户别具一格的礼物，创造了"Build Your Own"独特品牌。为了展现所有员工的面貌，反映创造力和幽默感，5 000 个酒瓶上都设有酒标，每一款酒标上的图形都对应着一位员工的五官特征。因此它有着多种多样的面部表情，以提醒客户"我们是谁"。

图 6-18 Pentawards 包装设计奖奢侈品类银奖 Partisandu Sens 设计

图 6-19 Pentawards 包装设计奖食品类银奖 Bonnemazou Cambus 设计

模块六 项目交流与成绩评定

6-3 拓展与提高

口语表述能力训练

艺术设计职业能力的培养不仅需要创意、设计和制作能力，同时还需要具备口语表述能力。作为一名设计师，要想顺利而出色地完成设计开发任务，使自己设计的产品产生良好的社会效益和经济效益，离不开方方面面相关人员的紧密配合和合作：设计方案的制定和完善需要与公司决策者进行商榷；市场需求信息的获得需要与消费者及客户进行交流；销售信息的及时获得离不开营销人员的帮助；各种材料的来源提供离不开采购部门的合作；工艺的改良离不开技术人员的配合；产品的制造离不开工人的辛勤劳动；产品的质量离不开质检部门的把关；产品的包装和宣传离不开策划人员的努力；市场的促销离不开公关人员的付出。因此，设计师需要学会与人沟通、交流和合作。这不只是社交能力的一部分，还是由于口语表述具有交流快捷、使用灵活、适应性广等特点，可以用最快的速度将自己的创意思路和设计方案与合作伙伴或委托方做沟通，另外正确且具说服力的表述可以使投标的方案顺利地通过。这方面的能力，需要在校学习期间就开始锻炼和培养，并努力使之成为一种工作习惯，这对今后开展工作会十分有益。

有意识地通过一些方法和途径加强学生在"说"方面的训练是十分必要的。

1．培养兴趣，激发学生表述的欲望

德国教育家第惠多斯曾说过："教学的艺术不在于传授本领，而在于激励、唤醒和鼓舞。"充分发挥学生的主观能动性，增强学生的参与、交流、合作意识，可以激发他们的学习积极性，提高课堂教学效果。

2．多种模式，提升训练效果

为了让全体学生的口语表述能力得到提高，可以灵活运用独立思考、小组讨论、大组交流、练习评价等训练模式，在实操中坚持以"语言训练为主线、思维训练为主体"的教学思路，让各种类型的学生都有话要说、有话可说。进而，在积极的评价中，激发学生"说"的热情，提升训练的效果。

在每一次表述前需要做到：

① 掌握基本的表达技能，做到准确、简练而有条理。保证思维的完整和敏捷，保证语言准确而有条理，让学生口语表述能力和思维能力都得到发展。

② 明确表达的内容。需要注意的是，PowerPoint 只是辅助表达的一种方式，是没有"主语、动词和宾语"的点式列举，并不能表达陈述人完整的思想和思维过程。幻灯片只能概述自己的思想，而不能充实和丰满自己的思路。

- 学生作品：学生获奖作品与校企合作学生获奖作品（13套）

- 习题作业：
  ① 学生项目作业总结（梅花牌服饰包装设计）
  ② 学生项目作业总结（田园物语护肤品包装设计）
  ③ 学生项目作业总结（橄榄油包装设计）

模块七

任务实操示范案例

一、"第七届全国大学生广告艺术大赛"命题推荐的恒安集团"心相印"纸巾选题

二、"第八届全国大学生广告艺术大赛"命题推荐的平面类"人祖山旅游景区"和"娃哈哈"选题

三、"第14届中国大学生广告艺术节学院奖春季赛"命题推荐的"大辣娇"方便面和"王老吉"红罐凉茶选题

一、"第七届全国大学生广告艺术大赛"命题推荐的恒安集团"心相印"纸巾选题

品牌名称：心相印

广告主题：中国梦·梦相印

品牌简介："心相印"以温馨、浪漫的主题调性，不断创新，竭诚提高服务质量，用心关爱身边的每一个人，利用领先技术，成就卓越品质，为广大消费者提供卫生、优质的生活用纸。值得信赖的高品质及温馨浪漫的感受为您带来随时相伴的至纯关爱，守护您的健康快乐生活。

主题解析：每个人都有属于自己的梦想，它承载着希望，让人充满动力。每个梦想都是独一无二的个体，但它都充满了正能量——向往美好生活和未来，梦想和梦想的结合才能共谱美好生活和复兴民族的宏伟蓝图。

"中国梦·梦相印"以华夏人民的梦想凝聚于心，梦与梦的相印，以心构造中国富强发展的蓝图。每个人的梦想构成了华夏民族伟大复兴的中国梦，而"中国梦"的实现又和每个人的梦想息息相关、心心相印！

"心相印"纸巾连续14年市场占有率第一，被誉为"国纸"。作为纸巾行业的领导者和最成功的中国民族品牌之一，"国纸"心相印力助"中国梦"！

广告目的：① 传递"中国梦"意境，建立"心相印"品牌与消费者的情感联系，让中国消费者认同、喜爱"心相印"品牌；② 提高国纸"心相印"的品牌美誉度，烘托恒安集团的企业精神和理念。

以下是全国总决赛部分获奖学生设计作品分享，指导老师：沈卓娅。

1.《梦——吉庆》 李欣愉、凌建华（一等奖、企业奖）

创意概念：每个人都有属于自己的梦想。我们的创意概念来源于博大精深的"吉庆成语"，如"安居乐业""太平景象""喜从天降""金玉满堂""招财进宝"。它们寓意着对美好生活和未来的憧憬，也能很好地和中国梦结合起来。

采用"看图猜成语"的方式，充分借用纸巾的立体形式，正面通过人物、道具的组合表达了成语所蕴含的寓意，背面是字体的组合设计，从而以一种新的媒体形式传达出"中国梦·梦相印"的主题（图7-1）。

图 7-1《梦——吉庆》 李欣愉、凌建华

2.《城中纸引》 陈伙森、李仕美（二等奖）

创意概念：当每天需要使用纸巾时，包装上各个城市的污染问题就会出现在使用者的眼前，提示着我们每个人生活的城市都在面临着严峻的生态考验。落雨大、水浸街，漫天的水浪没过广州塔——广州的困扰；大大灯泡高高挂，东方明珠的整夜明亮，依旧的光污染——上海的窘境；北京蒙蒙的雾霾布满天，天安门悄悄地隐藏起来——北京的不解；天府之国却土地干旱，禾苗干枯——四川的难题；大片的肥沃牧场和葱郁森林，现已满是被砍伐的树桩——新疆的迷惘（图7-2）。

图7-2《城中纸引》 陈伙森、李仕美

3.《享·飞》 游星凛、周天媛（三等奖）

创意概念：在飞速发展的社会中，人们愈发厌倦规律的生活，向往梦想的自由。当常见的事物加上飞舞的翅膀，轻松而自由地飞翔，那是多么令人羡慕啊！

向往说走就走的旅行，梦想巴士飞起来。讨厌沉重的负担，累赘的蜗牛也飞起来。生活太乏味，憋气的金鱼飞起来。世界那么大好想去看看，启航帆船飞起来（图7-3）。

图7-3《享·飞》 游星凛、周天媛

模块七 任务实操示范案例

4.《纸·自由》 谢源、谭玉茜（三等奖）

创意概念：运用趣味的折纸方式表达，将平时生活中的种种烦恼、不愉快的事儿，以折纸放飞等形式进行发泄，表达了生活中追求自由、向上、进取、不受拘束的一面，也表达出渴望寻找属于自己那一片蓝天的心愿（图7-4）。

图7-4 《纸·自由》 谢源、谭玉茜

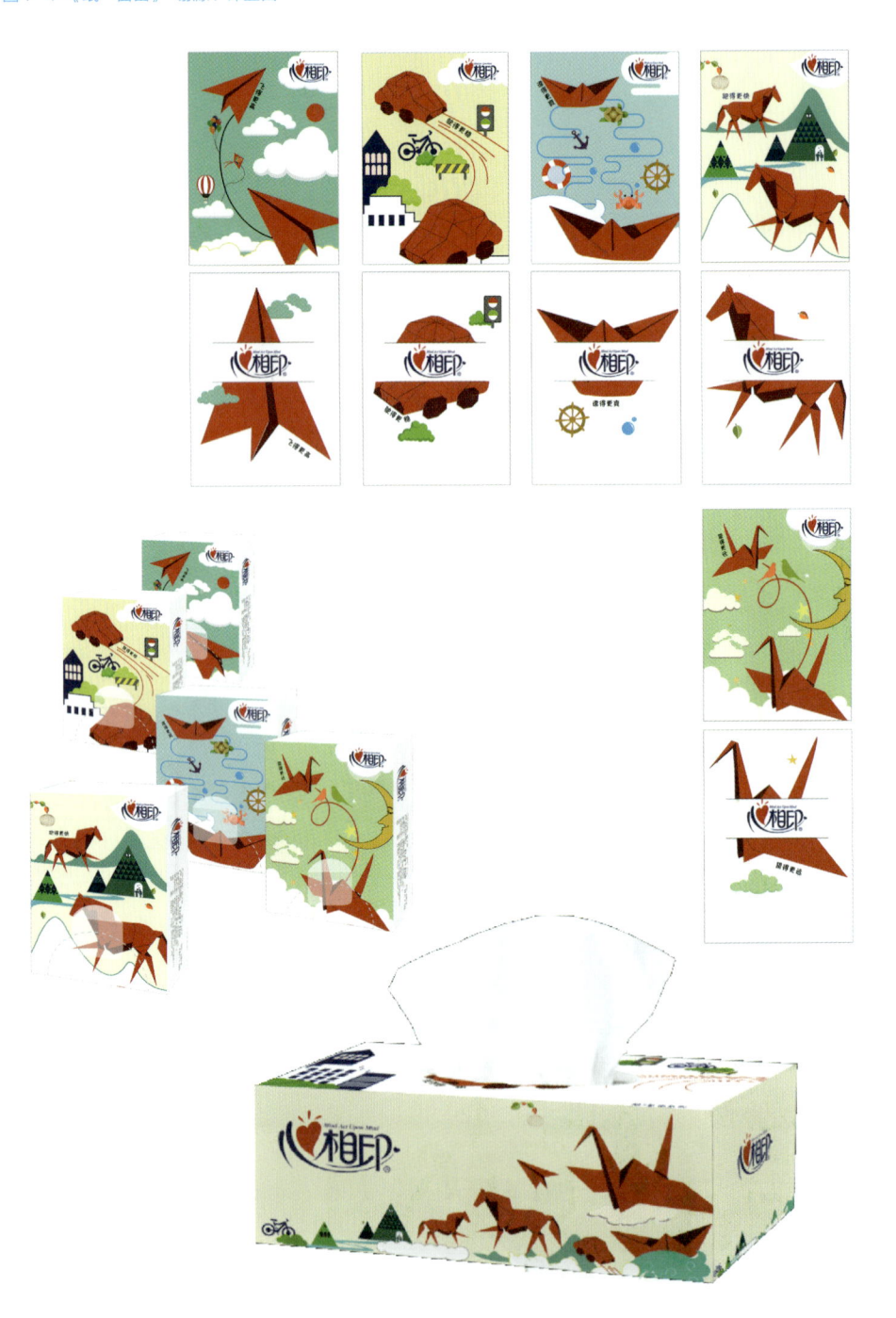

5.《纸为你护航》 温妙玲（三等奖）

创意概念：每个人都有一个环游世界的梦想，外出总有一种或几种交通工具为你护航。心相印纸巾也像交通工具一样，在你去追梦、去环游世界的时候，默默为你保驾护航，伴你左右（图7-5）。

图7-5 《纸为你护航》 温妙玲

模块七 任务实操示范案例

6.《筝心》 谢嘉媚（三等奖）

创意概念：儿时玩风筝的时候，幻想过把小小的自己放在风筝上一起飞翔，飘荡在天地间。把彩色明亮的风筝作为梦，细细的风筝线连接着心，这颗心是每个人火热的渴望，也是心相印品牌 logo 的心形串联着的梦。代表心随梦飞，同时也代表心相印与每个人的梦想同在。画面上的每个场景，她都在微笑，每个人的梦或大或小都是温暖的、幸福的（图 7-6）。

图 7-6《筝心》 谢嘉媚

7.《小鸟的旅行》 彭秋怡（三等奖）

创意概念：人与大自然的和谐相处，才会营造出蓝天白云的中国梦。

从小鸟破壳出生的那刻起，伴随着小鸟的旅行，经过了春夏秋冬所看到的世界，是没有污染、没有乱砍滥伐、没有杀戮，而是绿树葱葱、草木茵茵、鸟语花香、生机盎然的一派繁茂景象，感受着四季不同的美景与和谐的生存环境（图7-7）。

图 7-7 《小鸟的旅行》 彭秋怡

1、手帕纸包装

2、抽纸盒包装

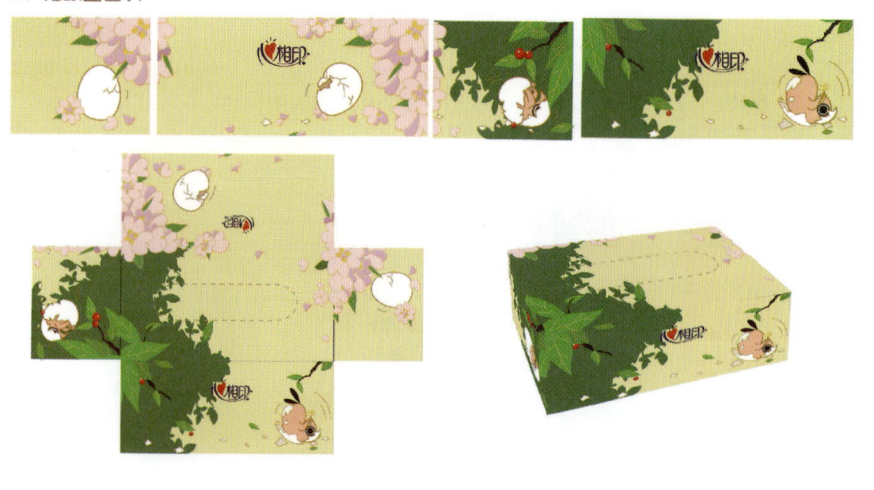

模块七 任务实操示范案例

8.《和你的选择一起旅行》 陈愈珍（三等奖）

创意概念：借用车票的形式特点，表达了寻求放松心情，实现一场说走就走的旅行的愿望；也通过车票上起点和终点的变化，提醒每一位使用者，纸巾与树木、生态环境密不可分的关系，保护森林是需要从珍惜每一张纸巾开始；更将乘车日期设定为人们熟悉的节日，揭示出在释放压抑心情的同时，我们的每一种选择都与生活的地球息息相关（图7-8）。

图7-8《和你的选择一起旅行》 陈愈珍

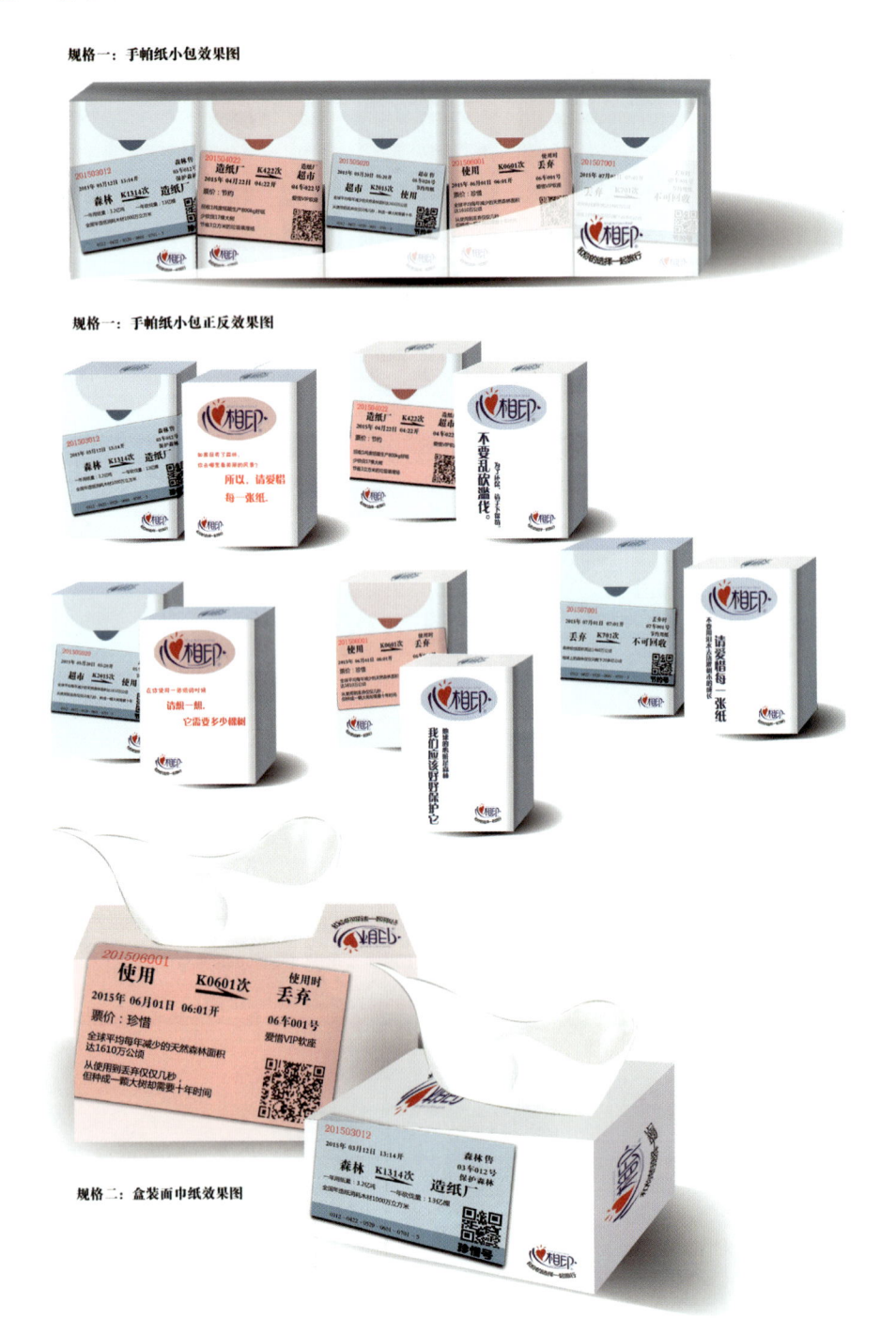

二、"第八届全国大学生广告艺术大赛"命题推荐的平面类"人祖山旅游景区"和"娃哈哈"选题

（一）"人祖山旅游景区"选题

品牌名称：人祖山旅游景区

广告主题：

① "我在人祖山遇见你"

② "走，去人祖山补天去"

主题解析：

① 遇见、相约、回眸……人祖山，人一生都应该去一次的地方，会遇见许多意想不到的人和事，但主要是"我在人祖山遇见你"。

② 华夏民族先祖——女娲氏开世造物，用五彩石补天的故事家喻户晓。女娲为了补天，取五色土为料，借太阳神火，历时九天九夜，炼就了五色巨石。五色土来自东西南北中，"走，去人祖山补天去"就是让来自东西南北中的每一位游客，带一小块家乡的石头去人祖山，让无数个小石头汇集成巨大的五彩补天石。

③ 相信你还有更好的主题，拿出来吧，人祖山需要。

广告目的：

① 从来自全国不同地区的你们对人祖山的理解出发，充分发挥想象力，通过不同类型的广告作品来表达对人祖山的期待、感受与愿望。

② 通过大广赛活动的影响力，引起全球华人广泛关注，吸引国内外众多游客来人祖山进行深度感悟与互动体验。

广告形式：

① 关于宣传人祖山旅游的平面广告，视频广告（影视或微电影），广播广告，动画广告，综合创意类广告，广告策划案。

② 人祖山旅游产品包装设计：

a. 人祖山五色茶包装设计：五种颜色的茶，净含量为 100 g、250 g、300 g 三种，包装造型可自由想象，体现人祖山的特色。

b. 人祖山五彩酒包装设计：五种颜色的酒，每个包装内含 5 小瓶（400 g），包装造型可自由想象，体现人祖山的特色。

c. "人祖圣泉"牌山泉水的瓶形设计与瓶标设计：瓶子净含量为 500 g、4 500 g 两种。

③ 其他符合人祖山个性特色的旅游纪念品设计（鼓励自由创意与设计）。

目标群体：

① 80、90、00后有朝气、有活力，爱好旅游，欲探索祖国名山大川，希望体验当地风土人情的年轻群体。

② 各省、自治区、直辖市各级旅行社经理、营销主管等。

（二）《娃哈哈》选题

产品信息：

① 激活π，是专为时尚个性人群定制的一款维生素饮料，口感清爽、包装时尚，颇具年轻诱惑，是逛街、休闲健身时的轻补给佳选。

② 奶酪酸奶，是娃哈哈精心研发、全新推出的一款高端营养酸奶，采用新西兰进口奶源，法国乳酸菌长达10小时恒温发酵，将大分子蛋白分解成小分子，更易消化吸收。甄选欧洲奶酪，让酸奶更营养，10 kg牛奶只能制作1 kg左右的奶酪，奶酪浓缩了牛奶中的蛋白质、钙等人体所需营养精华，又称"奶黄金"。奶酪酸奶不添加防腐剂、色素、甜味剂。

③ 启力8小时。此款饮品是一款维生素饮料，添加牛磺酸、肌醇、B族维生素群（烟酰胺、维生素B1、维生素B6）、真正咖啡提取物、瓜拉那提取物等，含有天然咖啡因，原料更天然，提神更自然。同时每瓶容量大，包装更具特色。

广告目的： 针对"娃哈哈——激活π、奶酪酸奶、启力8小时"三款产品进行营销创意。

以下是广东赛区竞赛部分获奖学生设计作品分享，指导老师：沈卓娅。

1.《向心力——人祖山五色酒》 梁文数、陈梦瑶（一等奖）

创意概念："走，去人祖山补天去"。人祖山是一个著名的景区，吸引了国内外众多游客的到来。来自于东西南北中的游客就像受到中心点人祖山的向心力一样被吸引。

包装用了"圆"的概念把体验者凝聚在一起，包装的图形是用酒的原材料和景点作为素材，以此可以更好地了解人祖山（图7-9）。

图 7-9《向心力——人祖山五色酒》 梁文数、陈梦瑶

模块七 任务实操示范案例

2.《遇见茶》 冯籹苑、蔡晓敏（三等奖）

创意概念：现在的年轻人都热衷于旅游，同时也希望留有一些纪念的东西见证他们的快乐之旅。此包装以人祖山的庙、山、水为设计元素，勾勒出人祖山宛如仙境的环境，完成了人祖山五色茶包装设计。面对如此美丽的风景，你还有心思待在家里吗？赶快行动起来吧（图7-10）！

图7-10《遇见茶》 冯籹苑、蔡晓敏

3.《"异"香》 魏晓燕（优秀奖）

创意概念：异香代表着五种不同的茶香，并借用异乡和"异香"的同音，而使茶包装有了双重含义。

画面结合人祖山的五个具有代表性的建筑与风景，用扁平化的手法来表达包装的画面效果，让游客更清晰地了解人祖山的景点，令来自东西南北中的每一位游客在人祖山享受着它的气息（图7-11）。

图7-11《"异"香》 魏晓燕

4.《东南西北》 全思迪（优秀奖）

创意概念：人祖文化，是人祖山景区文化的核心与灵魂，因此用"人祖文化"中的人祖山形象作为设计元素。设计采用东南西北的折纸形式，与人祖山特有的位于东南西北中五个不同方向所在的景点相结合，图解化了的人祖山优美的景区环境。整体包装由五个小包装组成，从正面看是一幅人祖山的形象，俯视是五祖山的立体图。每个位置都有各自的景点，以加深游客对人祖山的印象，强烈的视觉表现形式使来此的游客产生了丰富的心理联想（图7-12）。

图7-12 《东南西北》 全思迪

5.《"拥"无止境》 梁文胜、陈伟（二等奖）

创意概念：应用激活 π 中的 π 无限不循环，永无止境的特征。表达激活 π 赋予人们无穷的活力和维生素。画面以水果拟人化的表现形式、夸张有趣的表情和生动可爱的动作，从山里源源不断涌进城市，体现出青春与活力。用一个大的人物拥抱整个画面，表示拥有无止境的活力（图 7-13）。

独特的互动设计：瓶子打开前，卡通的人物表情萎靡不振，但打开瓶子后立刻就变得精神抖擞。

图 7-13 《"拥"无止境》 梁文胜、陈伟

6.《爱玩耍的萌星人》 吴宝渲、陈诗慧（二等奖）

创意概念：捉住消费者爱玩的天性，分别设计了两个画面，钓鱼的萌星女孩和野餐的萌星男孩，另外还设计了互动游戏，消费者可以撕下贴在盒子侧面的萌星人的五官，放置于对应的萌星人的脸上，以此与消费者产生互动。在获得营养的同时，也开发大脑，增强动手能力，更添加趣味性，头大身小的萌星人和缤纷的色彩也会吸引消费者的注意（图7-14）。

图7-14《爱玩耍的萌星人》 吴宝渲、陈诗慧

7.《源源不断》 陈嘉惠、陈晓敏（三等奖）

创意概念：我们每天至少工作 8 小时或学习 8 小时，可是早上闹钟响了却起不来，被床封印了；工作时苦思冥想，绞尽脑汁，却想法短路；娱乐时却因劳累了一天不能尽情享受。但是启力 8 小时就像电源一样，持续提供能量给我们，激活我们每天的激情，早上起来精神百倍，充满活力，疯起来，开启新的一天；工作时脑洞大开，好主意泉源而来，完全没有压力；娱乐时尽情享受，高歌一曲，一切烦难迎刃而解（图 7-15）。

图 7-15《源源不断》 陈嘉惠、陈晓敏

8.《"挤"力》 欧有成、黄雪玉（三等奖）

创意概念：围绕着生活中各种困惑来展开，如深夜看足球赛，还没开场就感觉疲倦——好困；明天要交稿，想不出方案——好烦；太多工作，精力并不集中——好累。主体画面以插画为表现形式，夸张的造型、唯美的色彩及酷炫和动感的构图，体现出年轻、时尚、自由个性，以符合青春活力的主题（图7-16）。

9.《"起"立8小时》 赖凤娟（三等奖）

创意概念：启力8小时是一款维生素饮料。

人们一天工作8个小时，如果一个人长期处于工作状态，那么时间越长工作质量就会随之下降，我们希望通过娃哈哈维生素饮料，找回到最起点的工作状态，精神而有活力（图7-17）。

图7-16 《"挤"力》 欧有成、黄雪玉

图7-17 《"起"立8小时》 赖凤娟

10.《妈妈的味道》 范楚玲、辜泽娜（优秀奖）

创意概念：选取了源产地新西兰、欧洲的袋鼠、奶牛和欧洲野猫的形象作为创作元素。包装的切入点是通过一大一小的动物组合，表达妈妈对孩子的细心呵护，以此来表示酸奶奶酪的安全、营养、美味。利用包装本身的结构将动物的耳朵、尾巴与盒子的三角折面相结合起来，增加了包装的趣味性（图 7-18）。

图 7-18 《妈妈的味道》 范楚玲、辜泽娜

模块七 任务实操示范案例

11.《陪伴》 刘莹莹（优秀奖）

创意概念：陪伴，对孩子、对父母都是一种幸福。

有父母陪伴的运动对孩子的成长更是锦上添花。现在很多家庭中的父母忙于工作，可能会疏忽对孩子的陪伴，为了孩子能更好地成长，设计包装"陪伴"，鼓励父母陪伴孩子成长。将小狗、兔子、小海狮作为设计的主元素，生动活泼的形象希望能得到家长和孩子的喜爱（图7-19）。

12.《"hold"住》 叶新萍、许诗敏（优秀奖）

创意概念：当我们面临来自于各个方面的压力而感到疲劳、想放弃的时候，我们需要一个坚持下去的动力。结合产品特点，提出面对任何困难只要有激活π，我们就能hold（把握）住的概念。然后从坚持锻炼、坚持努力工作、坚持追求自由放松三个方面和"玛丽莲·梦露、胜利之吻、迈克尔·杰克逊"各自的经典动作相结合。展开主视觉表现，给受众传达一种积极向上、努力拼搏的正能量（图7-20）。

图7-19《陪伴》 刘莹莹

图7-20《"hold"住》 叶新萍、许诗敏

三、"第 14 届中国大学生广告艺术节学院奖春季赛"命题推荐的"大辣娇"方便面和"王老吉"红罐凉茶选题

(一)"大辣娇"方便面选题

命题单位：白象食品股份有限公司

产品名称：大辣娇

广告主题：So What 辣是我的青春

品牌调性：叛逆、阳光、激情，生活注定会历经磨难与困苦，换个视角看世界，人生注定会与众不同！

传播/营销目的：深入了解年轻族群思维方式，传达大辣娇"So What 辣是我的青春"的品牌态度，打造属于年轻族群的亚文化圈！

目标消费群：核心目标群体为 15~26 岁的学生及刚刚步入工作岗位的白领阶层。他们面对工作、学习、生活、就业，甚至于家庭的重重压力，依旧激情满怀，信心满满。他们有着极强的自我意识，手机和互联网是生活中不可或缺的一部分，虽然购买能力一般，但是更钟情于个性和属于自己圈内的产品。

主要竞争者：康师傅香辣牛肉面

建议列入事项：

① 大辣娇品牌标准 logo、So What 体文案创作句式

② Slogan：够辣才过瘾

命题要求阐述：鼓励创作者表达自己独到的见解和看法，传播"So What 辣是我的青春"的品牌态度。作品必须原创。

包装设计作品要求：

① 以现有桶面和袋面包装形式为基础，创新设计。

② 设计风格及元素不限，体现品牌调性与态度，但需使用 So What 体、保留品牌标准 logo 和主体黑色调不变。

③ 袋面包装展开尺寸为 210 mm×350 mm，纸桶及纸盖平面展开图矢量图请下载本命题素材。

(二)"王老吉"红罐凉茶选题

命题单位：广州王老吉大健康产业有限公司

产品名称：王老吉红罐 310 ml(有糖)凉茶、红罐 310 ml(无糖)凉茶、红瓶 500 ml 凉茶、红瓶 1 500 ml 凉茶、天然植物健康饮料(新概念产品)。

广告主题：我的青春正当红

品牌调性： 怕上火 认准正宗王老吉

传播\营销目的：

① 通过感性的沟通使品牌与消费者建立情感联系，增加对品牌的喜爱。

② 塑造积极向上，热爱生活的正面品牌形象。

目标消费群体： 18~35 岁的大学生与白领人群（年轻、时尚、充满活力的人群）

主要竞争者： 加多宝凉茶

建议列入事项：

① 作品要求原创性。

② 作品体现产品 logo。

包装设计作品要求：

征集王老吉瓶装（500 ml、1 500 ml）、无糖红罐（310 ml）两款凉茶产品的包装设计，小伙伴们创作你们认为最潮、最有创意的包装吧，打开你们的脑洞，可以外形迥异但要易拿易放。

以下是全国总决赛部分获奖学生设计作品分享，指导老师：沈卓娅。

1.《名画大辣"骄"》 陈国利 （金奖）

以一代天骄的"骄"为创意点，谐音该品牌"大辣娇"。一代天骄泛指有能力的人，故联想到世界名画。名画中人物当时所处的环境与时代可能没有相机，记录他们青春模样的只有绘画，因此选取名画中蒙娜丽莎、梵高等人物，用现代画风，结合主题"辣是我的青春"，将面条变化为背景，形成面拼名画的形式。四款泡面结合不同的口味，不改变商品黑色调性，以年轻、丰富的颜色向经典名画致敬，给一直努力奋斗的人们鼓励（图 7-21）！

图 7-21《名画大辣"骄"》 陈国利

模块七 任务实操示范案例

2. 《面 "xiang"》 黄莞童、李珊珊（银奖）

面（向）"xiang" 可寓意为面向人生，当人生的道路上遇到困难、挫折时，我们要面向人生，选择去克服前进路上的种种困难。对应我们的宣传标语"前路兮漫漫，纵有疾风来，So What，辣是我的选择"。在困难来临时，面向困难才是我们选择的青春。

面（相）"xiang" 则寓意为吃面时的相貌。用三国较典型的人物关羽、张飞、刘备、诸葛亮各自不同的性格特征，作为大辣娇方便面包装的主打元素。夸张化的吃面相貌，突显出大辣娇"辣"的特征，用三国人物的热血方刚，表达大辣娇的广告主题"So What 辣是我的青春"，打造具有三国气息的大辣娇面，也体现了虽然活在过去的古代，"So What 辣也是我的青春"（图 7-22）。

图 7-22 《面 "xiang"》 黄莞童、李珊珊

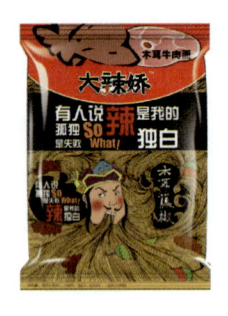

3.《玩脑极》 魏晓燕（银奖）

每个人都有自己的青春，它承载着希望让人充满激情，敢于挑战，释放出内心的压力。包装就从王老吉的谐音"玩脑极"出发，提取"玩"字，进行画面创作。针对"玩"所代表的青春，并结合传统的南狮形象，用夸张的动态和表情展示青年人的个性，把充满激情的青春给予了王老吉（图 7-23）。

图 7-23《玩脑极》 魏晓燕

模块七 任务实操示范案例

4.《极速青春》 陈伟、梁文胜（铜奖）

在社会快速发展的趋势之下，人们面对来自工作、生活、学习上的压力，导致精力不集中、做事效率低，刚刚做完的事情转身就忘。

大辣娇快速、简洁、充饥，而且赋予年轻人味蕾上辣的刺激，精神上的激情。

包装画面采用现在年轻人喜欢的夸张人物形象，并利用面条与海浪结合的方式呈现，加入丰富的色彩做视觉上的表现，赋予大辣娇青春活力，体现年轻人对生活充满了激情（图7-24）。

图7-24《极速青春》 陈伟、梁文胜

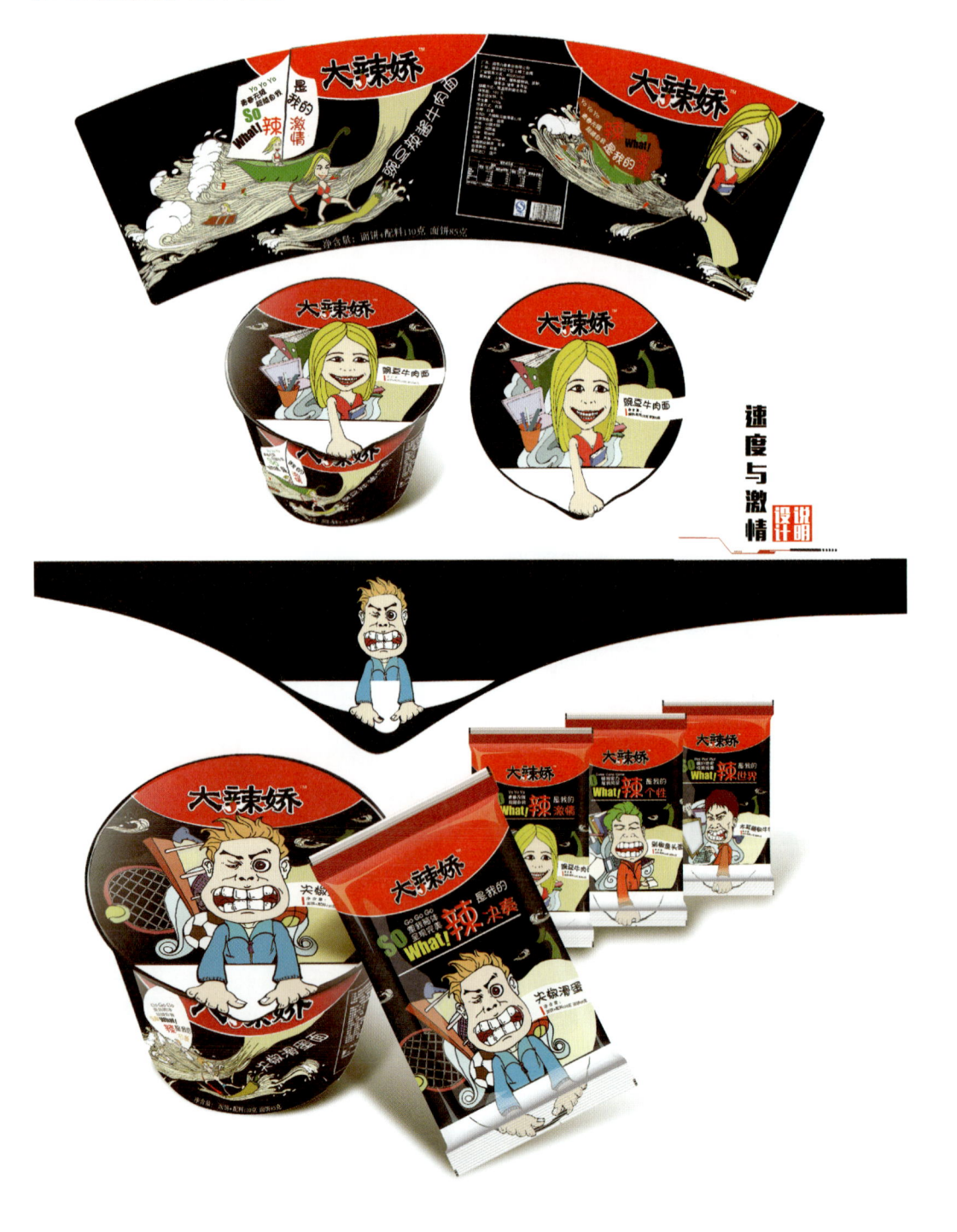

参考文献

[1] 沈卓娅. 包装设计[M]. 北京：中国轻工业出版社，2003.

[2] 中国飞人谷营销创意级集团. 白酒·中国式[M]. 北京：中国文献出版社，2009.

[3] 叶茂中营销策划机构. 叶茂中策划（上卷）[M]. 北京：机械工业出版社，2006.

[4] 特·劳特，瑞维金. 新定位[M]. 李正栓，贾纪芳，译. 北京：中国财政经济出版社，2002.

郑重声明

高等教育出版社依法对本书享有专有出版权。任何未经许可的复制、销售行为均违反《中华人民共和国著作权法》，其行为人将承担相应的民事责任和行政责任；构成犯罪的，将被依法追究刑事责任。为了维护市场秩序，保护读者的合法权益，避免读者误用盗版书造成不良后果，我社将配合行政执法部门和司法机关对违法犯罪的单位和个人进行严厉打击。社会各界人士如发现上述侵权行为，希望及时举报，本社将奖励举报有功人员。

反盗版举报电话　（010）58581999　58582371　58582488
反盗版举报传真　（010）82086060
反盗版举报邮箱　dd@hep.com.cn
通信地址　北京市西城区德外大街4号
　　　　　高等教育出版社法律事务与版权管理部
邮政编码　100120

责任编辑：陈仁杰

高等教育出版社　高等职业教育出版事业部　综合分社
地　　址：北京朝阳区惠新东街4号富盛大厦1座19层
邮　　编：100029
联系电话：010-58581481　　传真：010-58556017
E-mail：782284592@qq.com　　QQ：782284592
艺术设计专业QQ群：459872533

艺术设计
专业 QQ 群